KB236083

시대를
넘어선
멘토

아버지

시대를
넘어선
멘토

아버지

박성희 지음

학지사

세끼 밥을 집에서 먹지 않으면
영식님,
한 끼 밥만 집에서 먹으면
일식이,
두 끼 밥을 집에서 먹으면
이식 놈,
세 끼 밥을 집에서 다 먹으면
삼식이 새끼!

은퇴한 남편을 둔 아내들 사이에서 유행하는 블랙 유머다. 우스개로 하는 말이겠지만 남편을 향한 아내들의 마음이 그대로 노출되어 있는 것 같아 섬뜩하다. 아직 은퇴한 건 아니지만 남편

된 사람으로서 나는 집에서 하루에 몇 끼나 먹고 있는지, 혹 나도 몰래 아내의 눈 밖에 날 짓을 하고 있는 건 아닌지 남몰래 살피게 된다. 남편 수난시대라고나 할까! 그래도 이 정도에서 그치면 다행이다. 아이들까지 아빠를 불편하게 여기고 어색하게 대하는 지경에 이르면 아버지의 자리가 참 서럽다.

요즘 세태를 보면 '아버지'가 실종된 것 같다. 가족에 아버지가 없는 것은 아니지만 아버지다운 역할을 제대로 하지 못한다는 말이다. 돈벌이에 매여 자녀들과 함께하는 시간이 절대적으로 부족한 아버지들, 물리적으로 자녀들과 함께 있기는 하지만 어떻게 그들을 대해야 할지 몰라 당황해하는 아버지들, 자녀에 관한 모든 것을 일찌감치 아내에게 위임하고 뒤로 물러선 아버지들, 아내와 자녀를 외국에 보내 놓고 쓸쓸한 세월을 탓하며 외로움에 몸부림치는 기러기 아버지들……. 이렇게 아버지들이 가정에서 자기 자리를 잃고 허둥지둥하는 모습이 몹시 안쓰럽다.

어떻게 사는 게 아버지답게 사는 걸까? 아버지는 삶의 표준이라고 했는데 어떻게 살아야 자녀들에게 올바른 표준 역할을 하는 걸까? 돌이켜보니 30년 넘게 두 아이의 아버지로 살아온 나조차도 '아버지됨'에 대해서 좋은 교육을 받은 적도, 깊이 사색하며 공부한 적도 없다. 아이들이 태어날 때마다 '아버지가 된다'는 사실에 흥분도 하고 나름대로 책임감을 느끼며 각오를 다지기는 했지만, 정말 훌륭한 아버지의 삶이 어떤 모습인지에 대해서 그럴듯한 청사진을 가지고 있지 않았다. 생물학적으로 아버지가 되면 아버지 역할은 자연스럽게 할 수 있다는 듯 그렇게 준비 없이 아버지가 되었고 대충 아버지로서 살아왔다. 인간관계를 전공하는 내가 이런데 보통 아버지들은 어떻겠는가?

우리가 아버지다운 삶에 그토록 관심이 부족했던 것은 아마도 우리 삶에서 가족이 차지하는 중요성을 제대로 알지 못하였기 때문일 것이다. 가족이 정말 소중한 줄 안다면 아버지들이 아버지 역할에 대해 이렇게 소홀할 수는 없다. 그래서 아버지다운 삶을 말하는 일은 다른 한편으로 가족의 소중함을 말하는 것과 크게 다르지 않다. 행복한 인생을 살려면 가족은 선택이 아니라 필수다. 인간에게 관계는 물고기에게 물과 같다. 그러니까 인간관계는 우리의 삶을 이어가고 행복과 만족을 얻게 하는 터전이요 환경이다. 그중에서도 가족관계는 생명수처럼 중요하다. **신의 첫 번째 선물이 가족**이라는 말을 흘려듣지 말자.

그러므로 아버지들이여! 풍요롭고 행복한 가정을 만들기 위해 시간을 들이고, 정성을 들이고, 책임과 의무를 다하자. 성공한 다음에 가족을 챙기겠다고 생각하면 너무 늦다. 돈만 많이 벌어다 주면 된다고 생각하면 엄청난 착각이다. 친밀한 가족관계는 거저 얻게 되는 것이 아니다. 다른 모든 인간사와 마찬가지로 여기에도 땀과 정성과 시간이 들어간다. 나이 들어 뒤늦게 외로움을 한탄해 봐야 아무 소용없다. 가정을 가꾸는 일은 결국 자신을 가꾸는 일임을 제대로 알고 결혼하는 그날부터 가족에게 헌신하자.

이 책에서 나는 역사 속 인물 중 아홉 분의 삶을 더듬으며 아버지의 원형을 찾으려고 하였다. 역사에 훌륭한 이름을 남긴 분, 자손들을 잘 키워 내신 분, 오늘날에도 통하는 아버지상을 갖춘 분, 인용할 자료가 충분한 분 등이 아홉 분을 선정한 기준이다. 이 분들의 인생 행적을 더듬으면서 나는 정말 많이 놀랐다. 성리학적 세계관에 사로잡혀 고리타분하게 살아갔을 거라고 생각했던 분들의 삶에서 다채로운 색깔로 영롱하게 빛나는 자랑스러운 '아버지' 들을 찾을 수 있었기 때문이다. 우리 역사 속에 온 가족의 존경을 받아 마땅한 매력적인 아버지들이 이렇게 당당하게 버티고 있다니! 우리 역사를 소중하게 여기며 온고지신하는 정신이 절실하다는 사실을 다시 한 번 깨달았다.

시대와 사회가 다르므로 이 책에서 선정한 아홉 분의 아버지와 우리가 똑같이 살아갈 수는 없다. 다만, 이들이 자신의 삶을 통해 직접 보여 준 좋은 아버지가 되는 원리를 배워 우리 삶에 적용하는 일은 얼마든지 가능하다. 한 분의 삶에 집중해도 좋고 여러 분의 삶에서 골고루 배움을 얻을 수도 있다. 하여간 이 분들을 통해서 한 수 배워 오늘을 살아가는 아버지들이 모두 매력적이고 존경받는 아버지로 우뚝 서기를 바라는 마음 간절하다.

이 책에서 참고한 자료는 떠돌아다니는 일화에서부터 전기, 개인전집, 해설서 등 다양하다. 직접 인용한 부분들은 가능하면 원전에 충실하게, 하지만 여러 번역본을 참고하여 옮겨놓았다.

한문으로 된 원문을 쉽게 볼 수 있도록 번역하신 분들의 노고에 깊은 감사를 드린다. 아울러 이 책은 『현명한 아버지가 아이의 미래를 바꾼다』는 제목으로 출판되었던 것을 일부 수정하고 제목과 출판사를 바꿔 새로 출간함을 밝힌다.

2014년
박성희

태교를 도우며
자녀 맞이를 하자

이원수와 신사임당에서 율곡 이이까지 이어지는 태교

아이를 키우는 일은 아이를 낳기 전부터 시작해야 한다. 아이가 세상에 나온 후에 시작해도 그렇게 많이 늦지는 않지만 아이에게 정말 좋은 부모가 되려면 일찌감치 발 벗고 나서는 편이 좋다. 엄마 뱃속에 있을 때부터 아이에게 각종 감각기관이 형성되고 바깥세계의 다양한 자극에 반응하는 능력도 작동하기 때문이다. 흔히 말하는 태교의 중요성이 여기서 나온다.

태교는 흔히 어머니들이 하는 것으로 알고 있다. 맞는 말이다. 하지만 어머니와 더불어 아버지도 태교에 동참해야 한다. 뱃속에 있는 아이에게 가장 큰 영향을 주는 이는 어머니이지만, 아버지 역시 어머니를 통해 간접적으로 또는 아이가 상당히 자란 다음에는 직접적으로 영향을 미칠 수 있기 때문이다. 생각해 보자. 만일 남편이 임신한 아내를 편하게 놔두지 않고 늘 괴롭힌다면 바람직한 태교가 가능할까? 아내 뱃속에 있는 아이와 다정하고 따뜻한 말 한마디 교환하지 않는 아빠의 목소리를 태어난 아이가 알아챌 수 있을까? 그러니 비록 '소극적'이라는 꼬리가 붙더라도 아버지 역시 아이들의 태교에 책임감을 가지고 적극적으로 임해야 한다.

신사임당의 태교 뒤에는 남편 이원수가 있다

'태교' 하면 우리는 신사임당(1504~1551)을 꼽는다. 조선 시대 최고의 인재 율곡 이이(1536~1584) 선생을 포함하여 일곱 남매를 훌륭하게 키워 냈을 뿐 아니라 스스로 지은 이름에서부터 태교에 대한 관심이 드러나기 때문이다.

조선 시대 여성에게는 이름이 없었다. 우리가 알고 있는 사임당(師任堂)은 호인데, 옛날 중국 주나라 문왕의 어머니 태임(太任)을 본받는다는 뜻이다. 태임은 높은 덕을 지닌 현숙한 부인으로 칭송을 받았는데, 특히 문왕을 임신했을 때 태교를 철저히 한 것으로 유명하다. 따라서 신사임당이 사임당이라는 호를 사용한 것은 덕 있는 현숙한 부인이 되겠다는 뜻과 아이를 낳기 전부터 자녀 교육에 충실하겠다는 의지를 함께 표현한 것으로 볼 수 있다. 호를 사임당이라고 붙일 정도로 자녀 교육에 관심을 가지고, 실제 모태 교육에 전력을 다한 신사임당이 태교의 대명사로 불리는 것은 어쩌면 당연한 일이다.

하지만 초점을 약간 비틀어 아버지의 역할을 조명해 보자. 신사임당은 정말 훌륭한 아내요 훌륭한 어머니였다. 그런데 남편 이원수(1501~1561)가 돕지 않았어도 이것이 가능했을까? 만일 이원수가 데릴사위 역할을 마다했다면, 이원수가 명문 양반가문의 자손답게 점잖게 행동하지 않았다면, 이원수와 신사임당의 부부금실이 좋지 않았다면, 이원수가 출세에 전념하느라 오랜 세월 가족과 동떨어져 살았다면, 그래도 칭송받는 신사임당이 나올 수 있었을까? 역사는 가정을 허락하지 않는다는 말이 있지만 그래도 이런 가정을 해 보면서 신사임당이 우뚝 설 수 있게 도운 이원수의 삶을 더듬어 보자. 아울러 태교의 중요성을 강조한 율곡의 주장도 함께 살펴보자.

태교에 있어 이원수의 역할

신사임당의 태교에 있어 이원수의 핵심적인 역할은 그녀가 편안하고 안정된 마음으로 살아갈 수 있도록 따뜻한 가정환경을 만들어 준 데 있다. 어떤 식으로 이원수가 그러한 환경을 만들어 주었는지 살펴보자.

첫째, 아무리 시대가 변했어도 여자들은 시집보다 친정을 더 편안하게 여긴다. 하물며 가부장적 권위가 극에 달했던 조선 시대에 있어서는 말할 필요도 없다. 그런데 신사임당은 강릉에 있는 친정에 오래 머물면서 태교와 자녀 교육에 전념할 시간을 가질 수 있었다고 한다. 시집은 서울에 있었지만 결혼 직후에 있었던 아버지 삼년상과 임신·출산 등 이런저런 이유로 친정에 머무르는 시간이 길어진 것이다. 서울 시집에 온전히 올라온 것이 결혼 후 20년이 지나 신사임당의 나이가 38세 되던 해라고 하니 당시로선 굉장히 독특한 경우라고 하겠다. 율곡 역시 강릉 외가에서 출생한 후 여섯 살이 되어서야 비로소 서울 본가에 올라올 수 있었다. 이원수는 거의 데릴사위 같았던 이 역할을 결혼 초에 잘 소화해 냈다. 아내가 친정살이를 한다고 비난하거나 요란을 떨지 않고 묵묵히 가족과 함께 지내며 남편과 아비로서 자기 역할에 충실했다.

둘째, 이원수의 본관인 덕수 이 씨는 고려 시대부터 문무 양면에 걸쳐 나라에 공헌한 인물들이 즐비한 당시의 명문가였다. 결혼할 당시 이원수는 벼슬길에 오르지 못한 서생에 불과했지만 만년에 종5품에 해당하는 수운판관을 지낸 바 있고, 한평생 '진실하고 정성스러워 꾸밈이 없으며, 너그럽고 검소하여 옛사람다운 기풍이 있었다.'는 기록이 남아 있다. 이로 미루어 보면 이원수는 유교를 생활 규범으로 삼아 점잖고 기품 있게 행동할 줄 아는 교양인이었음을 알 수 있다. 이렇듯 가문의 배경과 이원수 개인의 행동 특성으로 보아 아내를 대하는 그의 태도에 품위가 있었을 것이므로 신사임당이 소신껏 태교와 자녀 교육을 하는 데 큰 방해가 되지 않았을 것이다. 다만, 젊은 시절부터 나다니기를 좋아하여 집안 경제에 별 관심이 없었다는 점은 흠으로 꼽힌다.

셋째, 이원수와 신사임당의 결혼 생활 초기 부부금실은 아주 좋았다. 이를 뒷받침하는 일화가 있다.

신사임당은 남편과 자녀에게 온갖 정성을 다하였다. 그녀는 남편을 성공시키려고 10년을 기약하고 서로 헤어져 남편이 학문에 전념하기를 바랐으나, 처가에서 신혼의 단꿈에 젖어 있던 남편은 차마 아내 곁을 떠나지 못하였다. 아내와 약속을 하고 굳은 결심으로 길을 떠나지만 번번이 집에서 얼마 가지 못하고 되돌아오곤 했다. 그가 제일 멀리 갔던 곳은 집에서 40여 리 떨어진 '반쟁이'라는 곳으로, 그것도 세 번이나 작심을 하고 떠났을 때였다. 그러나 결국 대관령을 넘지 못하고 돌아왔다. 마침내 신사임당은 그럴 바에야 차라리 자신이 머리카락을 자르고 입산하겠다고 하였고, 이에 비로소 뜻을 정한 이원수는 서울로 올라와 3년 동안 부지런히 공부하였다.

아내와 가족 곁에 머무르려는 이원수의 행동을 결단력과 의지가 부족하다고 탓하는 사람들이 있다. 한편으로 맞는 말이다. 그러나 심리적인 친밀감과 가족관계 발달에 대해 현대 심리학이 밝혀낸 지식에 따르면 이원수의 행동은 탓할 행동이 아니라 오히려 칭찬받을 행동이다. 가족이 형성되는 초기 단계에 구성원들이 함께 어울려 살면서 심리적 유대감을 강화해 가는 일은 가족의 심리적 안정과 성장에 결정적인 역할을 한다. 이원수가 비록 과거 공부에 필요한 결단력과 의지는 부족했을지언정 인간심리 발달에 대해서 상당한 통찰력이 있었다는 해석이 가능한 대목이다. 이원수가 자녀 교육에 얼마나 신경을 썼는지는 모르겠으나, 아내를 지극히 사랑하며 가족과 함께 머무는 시간을 길게 가졌던 그의 행동이 결과적으로 자녀들의 심리적 성장에 좋은 영향을 미쳤으리라는 점은 의심할 바 없다. 율곡이 100명이 넘는 일가동거(一家同居)를 꿈꾸며 깊은 형제애와 부모에 대한 효성을 보인 행적이 그냥 나온 게 아니다.

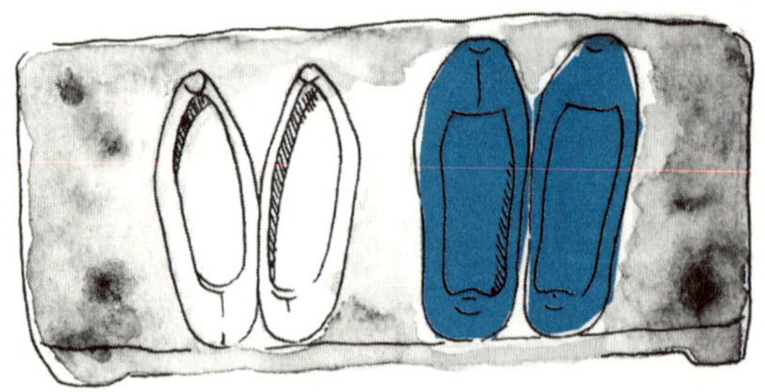

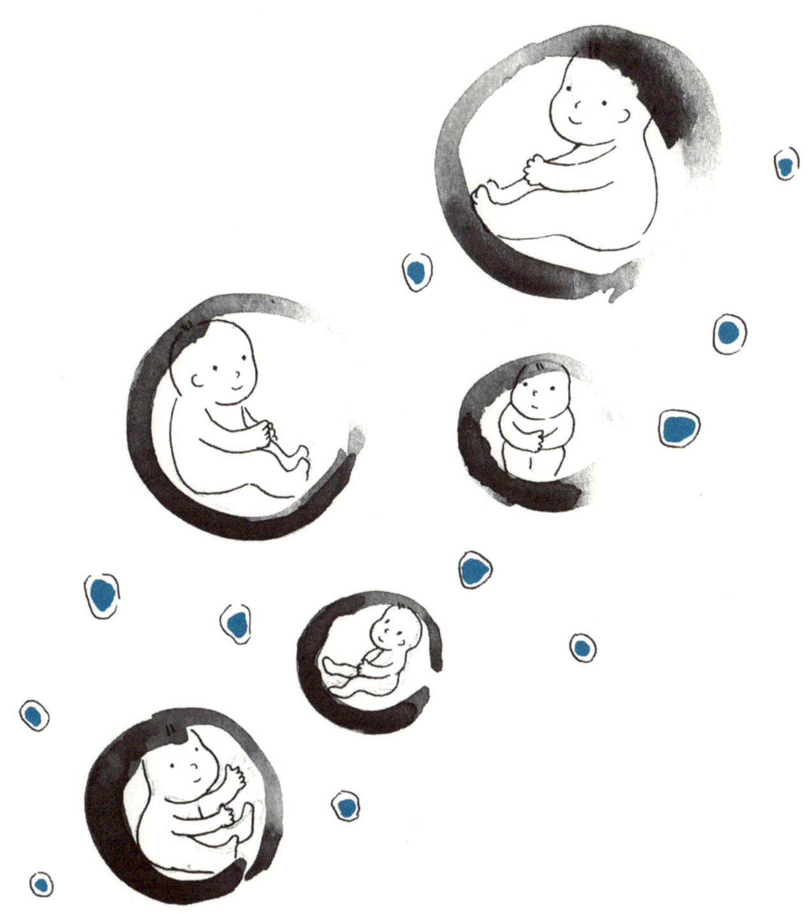

신사임당의 태교법

최근 일부 여성학계에서 신사임당이 가지고 있는 '현모양처' 이미지에 의혹의 눈초리를 보내고 있다. 특히 '양처' 부분은 심하게 과장됐다고 주장한다. 이들은 자기가 죽으면 재혼을 하지 말라고 신사임당이 당부했을 때 두 부부 사이에 오간 대화, 이원수가 벌인 외도 행각, 그리고 신사임당이 죽자 그녀와 거의 반대되는 이미지를 가진 젊고 천박한 술집 여자를 첩으로 들인 이원수의 행동을 근거로 들고 있다. 일리 있는 주장이다. 하지만 설혹 두 부부 사이의 금실이 나빴다고 하더라도 이는 이들의 결혼 후반기, 그러니까 이미 자녀들이 유아기와 아동기를 벗어난 후에 일어난 일로 봐야 한다.

남편 이원수의 협조와 지원에 힘입어 신사임당은 강릉 친정에서 아기 맞을 준비를 한다. 그리하여 신사임당은 아이를 임신하면서 곧바로 태교에 들어갔고 뱃속에 있는 아이 중심으로 일상을 꾸려나갔다. 사실 신사임당의 자녀 사랑은 그 이전부터 시작된다. 신사임당은 셋째 율곡을 임신할 때 선녀가 바다 속에서 살결이 백옥 같은 옥동자 하나를 안고 나와 부인의 품에 안겨 주는 태몽을 꾼다. 또 아기를 낳던 날 새벽에는 검은 용이 바다에서 날아와 부인의 침실에 이르러 문머리에 서려 있는 꿈을 꾸었다고 한다.

꿈에 관한 이야기를 있는 그대로 믿을 것은 아니지만 신사임당이 이런 꿈들을 꾸었다는 기록 자체가 훌륭한 아이를 바라는 간절한 소망이 그녀에게 있었음을 드러낸다. 그러니까 신사임당의 아이 사랑은 아이를 잉태하기 전에 벌써부터 시작되고 있었던 것이다. 이런 소망이 쌓이고 쌓여서 꿈으로 나타났던 것이리라. 진정한 태교는 임신하기 전부터 시작되어야 함을 암시하는 이야기다.

신사임당은 철저하게 태교를 하였다고 했는데 그렇다면 신사임당은 구체적으로 어떻게 태교를 했을까? 이 내용은 율곡이 임금에게 바치기 위하여 지은 『성학집요』「교자장(教子章)」에서 찾을 수 있다.

옛날에는 부인이 아이를 임신하면 옆으로 누워 자지 아니하고 비스듬히 앉지를 아니하였으며, 외발로 서지 아니하고 맛이 야릇한 음식은 먹지 아니하였습니다. 자른 자리가 바르지 아니한 음식은 먹지 아니하고, 자리가 바르지 아니하면 앉지 아니하였습니다.

사특한 색깔은 보지 아니하고 음란한 소리는 듣지 아니하며, 밤이면 장님으로 하여금 시를 외우게 하여 바른 일을 말하게 하였습니다.

부인이 임신하였을 때에는 잠자는 일, 먹는 일, 앉는 일, 서는 일, 보는 일, 듣는 일, 말하고 행동하는 일이 하나 같이 모두 다 올발라야만 자식을 낳으면 그 형체나 용모가 단정하고 재주가 남보다 뛰어나게 된다는 것이다라 하였습니다.

　요컨대, 일단 아이를 임신하면 감각기관을 흥분시키고 마음을 요동케 하는 모든 특이한 자극을 가능한 멀리한 채 안정된 상태에서, 소위 '올바른' 행동에 충실하라는 주문이다. 아마도 신사임당은 기쁜 마음으로 이 주문에 어울리도록 자신의 생활을 관리했을 것이다.

　신사임당이 수행한 자녀 교육의 결과를 대표하는 율곡 역시 태교에 대한 생각이 남달랐다. 방금 말한 「교자장」의 어구 이외에 제자들과의 문답에서 율곡이 직접 태교에 대해 언급한 기록이 하나 더 있다.

문 그러면 천지의 기(氣)와 부모의 기는 하나이어서 다름이 없습니까?

답 그 근본을 추구하면 한 가지 기일 뿐이지만 나누어 말하면 부모와 천지는 각각 그 기를 가지고 있다. 대저 부모의 기가 없으면 천지의 기는 붙을 곳이 없어서 모습을 드러내는 이치가 끊어질 것이다.

문 처음 성품을 받을 때에 천지의 기와 부모의 기는 어느 쪽이 더 비중이 큽니까?

답 천지의 기는 비중이 크고 부모의 기는 비중이 적다.

문 천지의 기는 지극히 맑고 부모의 기는 극히 탁하면 어느 기가 주가 됩니까?

답 적은 것이 많은 것을 이기지 못하기 때문에 천지의 기가 주가 된다.

문 천지의 기가 주가 된다면 부모의 기로써 천지의 기를 교정할 수 없습니까?

답 그렇다.

문 소학에서 이르는, 태교라는 것은 무엇입니까?

답 받은 기가 평평한 자는 태교로써 교정할 수 있다. 그러나 극히 탁한 자에게는 태교의 힘으로 할 수 있는 것은 아니다.

얼핏 보면 태교의 중요성을 무시하는 발언으로 해석할 수도 있다. 하지만 그것은 유전적으로 전해받은 한쪽 기가 지나치게 커서 개입의 효과가 없을 때에 한한다. 그렇지 않은 경우, 다시 말해 탁한 기운(바람직하지 못한 기운)과 맑은 기운(바람직한 기운) 의 비중이 비슷할 때에는 태교가 큰 힘을 발휘할 수 있음을 인정 하고 있다. 따라서 자녀가 맑고 탁한 기를 어떤 비중으로 받고 나오는지 알 수 없는 부모의 입장에서는 태교에 열심을 내는 것 이 상책이다. 결국 율곡 역시 어머니 신사임당과 마찬가지로 태 교의 중요성을 간과하지 않았다.

신사임당의 아들 율곡의 태교법

그렇다면 율곡도 자기 자녀들에게 태교를 했을까? 또 부인이 태교에 전념할 수 있는 평온한 가정환경을 만들어 주기 위해 구체적으로 어떻게 했을까? 아쉽게도 율곡과 부인이 구체적으로 태교를 어떻게 했는지 알려 주는 자료는 찾기 어렵다. 율곡은 정실부인인 노 씨에게서 자손을 얻지 못했다. 중간에 딸을 하나 낳기는 했지만 곧 사망하고 말았다. 그래서 율곡의 후손이 끊어진 것으로 아는 사람들이 많은데, 사실 율곡은 측실에게서 2남 1녀를 얻었다. 측실부인으로부터 아이들을 얻는 과정에서 율곡과 노 씨 부인은 물론이요 측실부인도 나름대로 태교를 했을 것이라고 짐작은 가는데 이를 밝혀 줄 자료가 없는 것이 안타까울 따름이다. 다만, 율곡과 노 씨 부인이 평상시 가정을 이끌어 간 방식을 살펴보면 임신한 산모가 평온한 상황에서 훌륭한 태교를 했을 것이라는 추리가 어렵지 않다.

만년에 율곡은 일가동거의 꿈을 이루어 100여 명의 대가족을 함께 이끌고 살았는데, 이때 지은 『동거계사』를 보면 가족 전체의 분위기가 어떠했을지 추측해 볼 수 있다.

대저 한 집안 사람들이 서로 감싸고 화목하기에 힘써 그 마음이 화평한즉, 집안에 길하고 좋은 일이 모이게 되지만, 만약 서로가 치우치고 어긋나게 되면 거칠고 해로운 기가 생기니 어찌 두렵지 않은가. 우리가 참으로 능히 서로 취합하여 부모는 자식을 사랑하고 자식은 부모에게 효도하며, 남편은 아내에게 모범이 되고 아내는 남편을 존경하며, 형은 아우를 사랑하고 아우는 형에게 순응하고, 처는 첩을 자애로 대하며 첩은 처에게 공손하며, 어린 사람은 진심으로 나이 많은 사람을 섬기며 나이 많은 사람은 진심으로 어린 사람을 사랑하며 비록 미치지 못하는 일이 있더라도 또한 마땅히 조용히 가르쳐 훈계할 것이지 서로 성내고 노하는 일이 없어야 한다.

김장생이 쓴 율곡의 행장에는 노 씨 부인의 행적을 다음과 같이 기록하고 있다.

부인(정경부인 노 씨)은 어질고 순하며 인자하고 평화스러워서 덕으로 남편을 섬기되 어긋남이 없었고, 서모(아버지의 측실) 섬기기를 친어머니 섬기듯이 하였고, 종가의 시동서 곽 씨를 받드는데 성의를 다 하였으며, 첩들을 은혜로 대우하되 친동생과 같이 하였고, 첩의 아들을 어루만지기를 자기가 낳은 자식과 같이 하여 스스로 안아 주고 키우기까지 하였으며, 비록 천한 종년이라도 한 번도 성내어 꾸짖은 적이 없었으니, 대개 그 성품이 화순한 까닭이었다.

남편과 정실부인이 이렇게 따뜻하고 화목한 가정 분위기를 만들기 위해 노력하였으니, 임신한 측실은 편안하게 마음을 놓고 태교와 자녀 교육에 임할 수 있었을 것이다.

서출이라서 그런지 두 아들 경림과 경정이 벼슬을 하였다는 흔적은 없다. 다만, 장남 경림은 아버지 율곡의 행적을 담은 『연보초고』라는 책을 훌륭한 문장으로 저술하였는데, 이로 보아 그리 만만한 인물이 아니었음을 짐작케 한다. 이렇게 성장한 데는 율곡 부부가 지극 정성으로 가꾼 엄격하면서도 따사로운 가정 분위기가 많은 영향을 주었을 것이다. 경림으로 하여금 아버지 율곡의 임종을 지키게 한 노 씨 부인의 처사도 이런 가정 배경에서 자연스럽게 나올 수 있었으리라.

우리 시대의 태교법

우리 시대에 태교는 상식이 되었다. 다만, 태교에 참여하고 싶은 아버지들이 자신의 역할에 대해서 아직 생각을 잘 정리하지 못한 듯하다. 앞에서 살펴보았듯이 좋은 아버지라면 마땅히 가정을 중시하고 또 임신한 아내가 편안한 상태로 태교에 임할 수 있는 풍요로운 환경을 마련해야 한다. 좋은 아버지가 되고 싶은 사람들이여! 이제 이원수와 율곡에게서 배운 바를 바탕으로 태어날 아이를 위하여 무엇을 어떻게 준비해야 할지 이야기해 보자.

첫째, Dream child를 꿈꾸자. 이것은 아내가 임신하기 전부터 태어날 아기를 마음에 그리며 행복한 만남을 예비하자는 말이다. 자성예언이라는 말이 있다. 마음에 간절히 원하면 소원대로 이루어진다는 뜻이다. 우리 마음은 이렇게 위대한 힘을 가지고 있다. 이 마음에 앞으로 만날 아이를 향한 사랑의 씨앗을 뿌려라. 머잖아 Dream child가 현실이 되어 눈앞에 모습을 나타낼 것이다.

만일 당신이 가족보다 더 가치 있는 다른 것에 푹 빠져 있는 사람이라면 당신이 인생에서 추구하는 것이 진정 무엇인지 곰곰이 따져 보라. 가족은 우리 삶의 터전이요 보람이다. 다른 모든 것은 이 터전 위에 지어지는 건축물과 같다. 이 터전이 망가지면 그동안 이룬 모든 것이 한순간에 날아갈 수 있다. '남는 것은 가족뿐'이라는 오래 산 노인들의 이야기에 귀를 기울일 필요가 있다.

둘째, 임신한 아내를 스트레스로부터 자유롭게 해주자. 아내가 임신 중일 때는 가능한 아내에게 우호적인 환경을 만들어 주어야 한다. 특히 가족으로부터 오는 스트레스를 최소화해야 하는데 시집 식구들은 아무래도 신경이 쓰이므로 일단 시집과 원만한 관계를 유지하도록 남편이 적극 도와야 한다.

가정의 주도권을 쥐기 위한 헤게모니 싸움도 당분간 중지하는 게 좋다. 싸움을 하다보면 피차 간에 화가 치밀어 오르기 마련인데, 이 화는 우리 몸에 독을 쏟아 붓는 것 같은 생리적 반응을 일으킨다. 결국 임신한 아내가 남편과의 싸움 때문에 독이 바짝 올라 있으면 이 효과는 고스란히 뱃속에 있는 아이에게 전달된다. 이 상태가 오래 이어질수록 아이에게 미치는 영향은 그만큼 커진다. 그러므로 임신 중에 부부싸움은 금물이다. 혹 어쩔 수 없이 싸우게 될 경우 길게 끌지 않는 게 원칙이다. 적어도 아내가 화난 채로 또는 우울한 기분으로 잠자리에 들지 않도록 배려해야 한다. 잠잘 시간이 되었는데도 아내가 좀처럼 화를 풀 기미가 보이지 않으면 잘잘못과 상관없이 체면 불구하고 아내에게 먼저 사과하라. 그리고 기왕에 하는 사과인 만큼 마지못해 하는 어정쩡한 모습이 아니라 화끈하게 아내의 마음을 풀어 주라. 이게 모두 태어날 아기를 위한 사랑의 행위다.

셋째, 뱃속의 아이에게 아버지의 존재를 알리자. 아빠의 태교는 뱃속에 있는 아이와 정겨운 대화를 나누는 일로 시작된다. 눈에 보이지도 않는 아이와 대화를 한다는 것이 좀 어색하겠지만 자꾸 하다보면 어느새 자연스러워진다. 아이 엄마와 대화를 하면서 이따금 아이를 향해 말을 거는 형식을 취하는 것도 한 방법이다. 또 아내의 배가 불러오면 오일로 아내의 배를 마사지하면서 신체 접촉을 해주는 것도 좋다. 신체 접촉은 본능적인 애정 표현의 방법으로써 아이의 기본 욕구를 충족시켜 주는 역할을 한다. 신체 접촉을 많이 받은 아이가 그렇지 않은 아이들보다 신체 성장도 빠르고 안정된 성품을 갖는다는 증거는 많다. 따라서 현명한 아빠라면 태아 때부터 열심히 신체 접촉을 실시하라. 아내와 태아에게 동시에 쾌감을 줄 수 있는 절호의 기회가 아니겠는가!

태교가 중요한 것은 사실이지만 가끔 지나치게 나가는 사람들이 있다. 그런 사람들은 좋은 태교를 해야 한다는 강박관념 때문에 오히려 스트레스를 받는다. 먹고, 입고, 말하고, 생각하고, 느끼고, 행동하는 모든 것에 이상적인 기준을 세워 놓고 거기에 맞추려고 발버둥친다. 만일 아내가 이렇다면 이를 적절하게 조율해 주는 것도 아빠의 역할이다. 임산부로 하여금 정서적으로 안정되고 고상한 생각과 행동을 하게 하는 것이 태교의 목적임을 잊지 말아야 한다.

넷째, 출산 과정에 함께 참여하자. 아기에게 출생은 세상과의 첫 만남이다. 이 첫 만남을 행복하고 즐겁게 만드는 데에 부모, 특히 아빠의 책임이 크다. 요즘은 출산할 때 가족의 의견을 많이 반영하는 병원이 늘고 있다. 아빠는 이런 병원을 찾아서 사전에 출산 환경을 점검하고 가능한 태어난 아이가 편안하게 느낄 수 있는 여건을 마련해야 한다. 아울러 출산 과정에 함께 참여하는 일도 대단히 중요하다. 아내와 함께 출산을 경험하면 생명에 대한 경외심도 생기고 아내의 수고를 생생하게 느낄 수 있어 가족에 대한 애정도 깊어진다.

그리고 아이가 태어난 후 1~2시간은 반드시 아내와 아이 곁에 머물며 시간을 보내도록 하라. 이 시간 동안 엄마, 아이, 아빠 사이에는 소위 애착 호르몬이 분비된다는 연구 보고가 있다. 부모 자식 사이에 생리적으로 애착이 형성되는 일종의 결정적 시기인 셈이다. 아빠들은 나중에 아이한테 잘하는 것보다 이 시기에 함께 있어 주는 것이 훨씬 더 효과가 크다는 점을 명심하고 꼭 아이 곁을 지키도록 하자.

참고문헌 │ 민족문화추진회(1968). **국역 율곡집.**
이종호(1994). **율곡: 인간과 사상** 서울: 지식산업사.

2.
아버지가 바로 서야
가족도 바로 선다

다른 모든 조직처럼 가정에도 중심이 필요하다. 중심이 튼튼한 가정은 가족에게 따뜻하고 안전한 보금자리가 된다. 이곳에서 가족은 서로 사랑하면서 희망찬 미래를 설계한다. 중심이 흔들리면 불안해서 안락한 가정생활도, 행복한 미래도 기대하기 어렵다. 그렇기 때문에 중심을 지키면서 가정을 잘 이끌어 온 부모에게 자녀들은 마음속 깊은 곳으로부터 사랑과 존경을 보낸다. 철이 들면 아이들은 다 알게 된다. 세상에 내놓을 만한 이렇다 할 업적이 없어도 가정을 화목하게 지켜 낸 부모님이 위대하다는 것을!

가정의 중심을 튼튼하게 하는 일은 크게 두 가지로 나눌 수 있다. 하나는 가족 구성원 한 사람 한 사람이 자신의 자리를 잡아 가도록 돕는 일이요, 다른 하나는 가정에서 발생하는 여러 가지 일을 어느 한쪽에 치우치지 않게 해결하는 일이다. 어떻게 하면 이 두 가지 일을 잘 함으로써 가정의 중심을 잘 잡아갈 수 있을까? 존경스런 모범 가장 퇴계 이황(1501~1570) 선생의 행적을 더듬으며 아버지들이 할 수 있는 일을 찾아보자.

주변 사람들의 태도마저 바꾼 퇴계의 배려

퇴계는 결혼을 두 번 하였다. 21세에 결혼한 첫째 부인 허 씨, 그리고 허 씨와 사별한 후 30세에 맞은 둘째 부인 권 씨가 있다. 그런데 둘째 부인 권 씨는 정신적으로 문제가 있었다. 어린 시절 친정이 사화(기묘사화, 1519)에 연루되어 권 씨가 보는 앞에서 친족이 처형되는 것을 보고 충격을 받아 실성을 한 이후 그렇게 된 것이다. 퇴계는 권 씨 부인과 16년을 함께 살면서 이런저런 마음고생을 많이 한다. 제자에게 보낸 편지에 부인 때문에 마음이 괴롭고 생각이 산란하여 번민을 견디기 어려웠다고 고백할 정도였다. 그런 부인을 퇴계는 어떻게 대했을까?

할아버지 제삿날이었다. 모든 식구가 큰형 집에 모였다. 제사상을 차리느라 부인들이 분주하게 움직이고 있을 때 상에서 배가 하나 떨어졌다. 그러자 권 씨 부인은 얼른 배를 치맛 속에 숨기다가 큰형수에게 들켜 꾸중을 들었다. 밖에서 소란한 소리가 들리자 퇴계가 나와 사건의 전말을 듣게 되었다. 퇴계는 부인의 잘못을 대신하여 큰형수에게 공손하게 사과하였다.

"형수님, 죄송합니다. 앞으로 제가 잘 가르치겠습니다. 그리고 손자며느리의 잘못이니 돌아가신 할아버지께서도 귀엽게 보시고 크게 화를 내시지는 않을 것입니다. 부디 용서해 주십시오."

퇴계의 말에 권 씨를 꾸짖던 큰형수는 "동서는 정말 행복한 사람이야. 서방님같이 좋은 분을 만났으니"라고 말하며 입가에 미소를 띠었다. 퇴계는 아내를 따로 불러 치마 속에 배를 숨긴 이유를 물어보았다. 아내가 먹고 싶어 숨겼다고 말하자 퇴계는 손수 배를 깎아 아내에게 건넸다.

이 일화에서 우리는 성심으로 아내를 대하는 퇴계의 모습을 읽을 수 있다. 비록 아내가 정신이 혼미하여 남부끄러운 실수를 했지만 퇴계는 결코 아내를 함부로 대하지 않았다. 아내를 다그치고 망신을 주기는커녕 오히려 아내의 마음을 잘 헤아려 풀어 주는 정성을 보였다. 그런데 퇴계의 이런 모습은 주변 사람들에게도 커다란 영향을 미치게 된다. 예를 들면, 권 씨를 꾸짖던 큰형수는 퇴계의 언행에 감동하는데 이 감동은 그냥 거기서 끝나는 것이 아니라 권 씨 부인에 대한 큰형수의 태도를 바꾸는 역할을 한다. 그러니까 권 씨를 어딘가 모자라는 사람으로 그냥 무시하는 것이 아니라 퇴계의 아내로서 대우하게 된다는 말이다. 결국 아내를 존중하고 사랑하는 퇴계의 행동이 아내가 아내의 자리에 설 수 있게끔 도와준 셈이다.

부인을 대하는 퇴계의 이런 행동은 우연히 나온 것이 아니다. 퇴계는 군자의 도(道)가 부부에게서 시작된다는 점을 잘 알고 있었다. 그러니까 부부관계는 모든 것에 우선하는 위치를 차지하고 있어서 정말 조심스럽게 다루어야 한다고 생각하였다. 부부가 지극히 친밀한 관계이지만 또 지극히 조심할 관계라는 점을 기회가 있을 때마다 강조한 것은 이 같은 인식에서 나온 것이다. 그리하여 퇴계 스스로 아내를 손님처럼 공경하며 사는 삶을 실천하였다. 아내를 손님 대하듯 공경하던 퇴계의 태도를 잘 보여주는 일화가 있다.

권 씨 부인은 정신이 맑지 못해 늘 선생을 곤경에 빠뜨리곤 했다. 하루는 선생이 이웃 상가에 조문을 가려다 도포자락이 헤어진 것을 보고 부인에게 꿰매어 달라고 했더니 흰 도포에 빨간 헝겊을 대 기워 가지고 왔다. 선생은 말없이 그 옷을 받아 입고 문상을 갔다. 사람들이 퇴계의 옷차림을 보고 "흰 도포는 빨간 헝겊으로 기워야 하는 것입니까?" 하고 농을 걸었다. 예학에 정통한 퇴계가 그렇게 입고 오자 자못 우스웠던 것이리라. 퇴계는 빙그레 웃기만 하였다고 한다.

퇴계가 색맹이 아니라면 분명 흰 도포에 빨간 헝겊을 대는 것이 어울리지 않는다는 사실, 그리고 그 옷을 입고 나가면 사람들의 비웃음을 살 거라는 사실을 모를 리 없다. 그럼에도 퇴계가 말없이 부인이 기워 준 옷을 그대로 입고 나간 데는 깊은 뜻이 들어 있다. 정신이 맑지 못한 아내가 남편을 위해 들인 정성에 대한 고마움이 바깥사람들의 비웃음을 피하는 일보다 훨씬 더 큰 가치가 있었으리라. 바깥사람들보다 아내를 먼저 생각하며 아내를 중심에 두고 행동한 것이다. 아내를 존중하고 공경하는 마음이 살아서 전해 오는 듯하다. 모르긴 몰라도 처음에 비웃던 사람들 중에서 퇴계의 이런 행동을 계기로 자신의 부부관계를 되돌아본 사람들이 무척 많았을 것이다.

모든 사람이 제자리에 바로 서게 하다

아내에게 아내 자리가 있는 것처럼 며느리에게는 며느리 자리가 있다. 퇴계는 며느리에게도 각별한 신경을 쓰고 있다. 다음은 퇴계의 문중 진성 이 씨 가문에 전해 오는 이야기다.

퇴계는 맏며느리를 맞을 때 윗손님으로 사돈댁에 가게 되었는데 사돈댁 집안사람들로부터 미천한 가문의 사람이라 하여 홀대를 받았다고 한다. 당시 맏며느리 집안은 명성이 드높은 집안으로 혼례를 끝내고 퇴계가 떠나자 일가친척들이 몰려와

“우리 가문의 규수라면 어느 명문가엔들 시집 못 보낼까봐 진성 이 씨 같은 별 볼일 없는 집안에 시집을 보낸단 말이오. 그런 사람이 이 집안에 앉아 있었다는 것만으로도 우리 가문을 더럽힌 셈이오.” 하면서 퇴계가 앉았던 대청마루를 물로 씻어 내고 대패로 깨끗이 밀어 버렸다고 한다.

이런 이야기가 퇴계 집안에 알려지자 이번에는 퇴계 문중에서 크게 분노하여 그냥 지나갈 일이 아니라며 야단이었으나 퇴계는 침착한 어조로, “사돈댁에서 무슨 일이 있었거나 우리가 관여할 바가 아닙니다. 가문의 명예는 문중에서 떠든다고 높아지는 것도, 남이 헐뜯는다고 낮아지는 것도 아닙니다. 상대가 예의를 갖추지 못했다고 해서 우리도 예를 지키지 않으면 오히려 우리 가문이 형편없는 가문이라는 증거가 될 것입니다. 더구나 우리는 며느리를 맞아오는 터인데 그런 하찮은 일로 말썽을 일으키면 새 며느리 마음에 상처를 주는 것이니 그만두시지요.” 하면서 사돈댁의 괄시를 일체 불문에 부치고 새 며느리를 극진히 사랑하였다. 뒤에 이 말을 전해들은 며느리는 시아버님의 넓은 도량에 크게 감동하여 한평생 높이 받들어 모셨으며, 훗날 죽기 직전 “시아버님 생전에 내가 여러 가지로 부족한 점이 많았다. 죽어서도 시아버님을 정성껏 모시고 싶으니 나를 시아버님 묘소 아래 가까운 곳에 묻어달라.”는 유언을 남겨 그녀의 묘는 선생의 묘 아래에 있다.

만일 문중이 들고일어나 사돈댁을 성토할 때 퇴계가 그냥 바라만 보고 있었더라면 시집 온 새 며느리는 상당히 곤혹스런 처지에 처해 제대로 며느리 역할을 하기가 어려웠을 것이다. 친정과 시집이 갈등하고 문중의 어른들이 밉게 보는 마당에 어찌 즐겁고 행복한 마음으로 며느리 역할을 할 수 있었겠는가? 새 며느리의 입장, 그리고 앞으로 전개될 새로운 가정의 안녕을 위하여 퇴계는 서슴없이 발 벗고 나선 것이다. 이렇게 퇴계는 가족이 자기 자리를 지킬 수 있게 보호하고 지원하는 일을 소홀히 하지 않았다.

퇴계의 이런 처신은 아내와 며느리에서 그치지 않는다. 홀로되신 어머님을 모실 때에도, 자신을 자식처럼 키워 준 다섯째 형을 대할 때에도, 그리고 아들, 손자, 조카를 대할 때에도 똑같은 모습을 보이고 있다. 퇴계의 온 가족이 자기 자리를 지키며 화목하게 살아갈 수 있었던 비결이 여기에 있다.

여기서 우리는 재미난 원리를 하나 발견할 수 있다. 다른 사람을 세우는 일이 곧 자신을 세우는 일과 직결된다는 사실이다. 퇴계의 경우, 가족 구성원이 자기 자리를 잡도록 도와준 결과 자신역시 자기 자리를 잡게 되었을 뿐 아니라 가정의 대들보로 우뚝서게 된다. 그러니까 가정에서 중심을 잡는 가장 좋은 방법은 다른 가족 구성원이 제 역할을 다할 수 있도록 열심히 돕는 데에있다. 정말로 가정의 중심이 되고 싶은가? 그렇다면 다른 가족구성원을 성심으로 대하고 그들이 행복하게 살 수 있도록 열심히 대접하라!

중도(中道)를 지켜 모든 일을 처리하다

가정의 중심 역할을 제대로 하려면 가정에서 발생하는 여러 가지 일을 공평하게 해결하는 것도 중요하다. 이때 필요한 것이 소위 중도(中道)를 지키는 일이다. 여기서 중도라는 말은 원칙을 세우되 고집하지 않고, 문제를 대할 때 지나치게 한쪽으로 치우지지 않는다는 뜻이다. 퇴계는 가정에서 일어나는 여러 가지 일을 어떻게 처리했을까?

먼저, 퇴계의 삶 전체를 관통하는 생활 철학을 살펴보자. 퇴계의 『언행록』을 살펴보면 아주 여러 번 제자들과 문답을 벌이는 장면이 등장하는데, 이때 퇴계는 부드럽고 융통성 있는 태도를 취하고 있다. 이를테면 성인의 말이라고 하여 무조건 따르지 않고 항상 현실적 요건과 상황을 아울러 판단하고 있다. 예를 하나 들어 보자.

덕홍이 묻기를, "공자가 말하기를 '자기만 못한 자는 벗을 삼지 말라.'고 하였습니다. 그렇다면 자기만 못한 자는 일체 더불어 사귀지 말아야 합니까?" 하니 말씀하기를, "보통 사람들의 마음이 자기보다 못한 자를 사귀기를 좋아하고, 자기보다 나은 자를 사귀기를 좋아하지 않는다. 그래서 성인께서 이런 말씀을 하신 것이지, 일체 더불어 사귀지 말라고 한 것이 아니다. 만일 일체 선인만 골라서 사귀려 한다면, 이 또한 치우친 행위다." 하므로 "나쁜 사람과 함께하다가, 차츰 그 속에 빠져들면 어떻게 합니까?" 하자 "좋은 점은 따르고 나쁜 점은 고칠 일이다. 선과 악이 모두 나의 스승이다. 만약 차츰 그 악 속으로 빠져든다면, 그것을 어떻게 배우는 행위라고 할 수 있겠느냐?"라고 하셨다.

이렇게 중도를 취하는 퇴계의 태도는 가정생활에도 그대로 적용된다. 퇴계의 둘째 아들 채는 정혼만 한 상태에서 스물한 살의 나이로 세상을 떠났다. 채가 세상을 떠난 이듬해 풍기군수로 전임한 퇴계는 직책을 사임하고 고향에서 학문에 전념하고 있었는데, 홀로된 며느리가 남편을 잊지 못해 방 안에서 허수아비를 만들어 놓고 남편인 양 "이 음식도 좀 자서 보세요. 이것도 당신을 위해 제가 만든 음식이니 한 번 잡숴 보세요." 하는 광경을 우연히 엿보게 되었다. 이 광경이 너무나 가슴이 아파 퇴계는 며칠 뒤 사돈에게 딸을 친정으로 데리고 갈 것을 권하였다. '여자는 한 남자만을 섬겨야 한다.'는 관념이 확고하던 시절에 둘째 며느리에게 재혼할 수 있는 길을 터 준 것이다. 그리고 며칠 뒤, 둘째 며느리가 죽었다는 소문을 내고 장례를 치르기도 했다.

그로부터 몇 년 뒤 퇴계가 상경하는 길에 어느 민가에서 하룻

밤 신세를 지게 되었는데 그 집 음식과 반찬이 어쩐 일인지 자신이 가장 좋아하고 입맛에 딱 맞는 것이었다. '참 신기하기도 하다. 남의 집 반찬이 이렇게도 내 입맛에 맞을 수가 있을까?'라고 생각하며 이튿날 아침 길을 떠나려는데, 이번에는 주인댁이 하인을 시켜 보낸 버선이 신기할 정도로 발에 꼭 맞는 것이었다. 그 순간 퇴계는 '아하, 내 둘째 며느리가 이 집으로 개가를 온 모양이구나.' 라고 생각하였다. 퇴계가 주인과 하직하고 길을 떠날 때 담 모퉁이에서 몸을 숨기고 눈물로 배웅하고 서 있는 한 여인이 있었는데 먼빛으로 보아도 옛날 둘째 며느리임을 알 수 있었다. 행여 개가한 며느리의 시집 생활에 방해가 될까 염려하여 모른 체하고 길을 떠났으나 퇴계는 늘 둘째 며느리를 잊지 못하고 두고두고 걱정하였다고 한다.

퇴계는 앞뒤가 꽉 막힌 원칙주의자가 아니었다. 가능한 한 원칙을 지키되 현실 상황에 따라 유연하게 대처했다. 재가를 금기시하던 시대였지만 둘째 며느리의 행복을 위하여 과감하게 생각을 바꿔 행동한 것이 이를 뒷받침한다. 가족에게 정말 중요하고 필요한 것이 무엇인지 잘 알기에 이런 행동이 가능했으리라.

부부는 부부답게 자녀는 자녀답게

퇴계의 중도적인 태도는 자녀 교육에서도 발견할 수 있다. 퇴계의 제자 문봉 정유일(1533~1576)은 퇴계의 『언행록』에서 선생의 가정 교육법을 다음과 같이 기록하고 있다.

가법은 매우 엄하여 집 안팎이 온화하고 조용하면서 기쁘고 명랑하였으니 어린 종들에 대한 대우는 엄하면서도 은혜로우셨다. ……(중략)…… 자제들의 과실이 있어도 엄하게 견책을 가하신 적이 없었고, 다만 불평의 뜻을 넌지시 보이셨으며, 혹 가볍게 타이르시고 삼가고 경계하는 말을 덧붙였을 뿐이었다. 집사람들이 기뻐하시거나 성내시는 기색을 보지 못했고 성내고 욕하시는 소리를 듣지 못하였다.

퇴계의 성품 자체가 한쪽으로 치우치지 않았음은 물론이요 자녀나 종들을 대할 때에도 한쪽 극으로 몰아붙이지 않고 중도적인 자세를 취했던 것이다. 정말 퇴계가 자녀 교육에서 중도적인 자세를 취하였는지 퇴계가 아들 준에게 직접 보낸 편지에서 그 증거를 찾아보자.

몽아(손자)가 점점 장대해지니, 매양 어릴 적 이름으로 불러서는 안 된다. 지금 가명을 지어 준다(15세 때 일임. 손자 이름을 안도라고 지음). 자는 뒤에 짓도록 하겠다. 다만 지금부터는 성인으로서의 책무를 지게 되는데, 모르겠거니와 조금씩 의에 알맞은 훈계로 가르쳐야 하지 않겠느냐? 자손이 훌륭하게 되는 것이 사람들의 지극한 소원인데, 도리어 대부분이 정과 사랑에 빠져서 훈계하고 단속하는 것을 소홀하게 한다. 이것은 김매기를 하지도 않고 벼가 익기를 바라는 것과 같으니, 어찌 이러한 이치가 있겠느냐? 전에 네가 아이에 대해서 엄하게 대하지 못하고 사랑이 지나친 것을 보았기 때문에 이 말을 하는 것이다.

이 편지에서 퇴계는 아들 준에게 손자 안도를 사랑 일변도로 대하지 말고 꾸중과 훈계를 병행하라고 가르치고 있다. 자녀를 지나치게 엄하게 대하는 것도 문제지만, 지나치게 사랑으로 대하는 것 역시 문제라는 말이다. 따라서 엄함과 사랑이 조화를 이룬 균형 잡힌 교육을 하라고 충고한다. 재미있는 것은 이런 충고를 담은 퇴계의 편지 자체가 훈계와 사랑을 아울러 표현하고 있다는 점이다. 편지 내용을 잘 뜯어보면, 겉보기엔 아들을 훈계하고 있지만 다른 한편으로는 아들을 따뜻한 사랑으로 감싸고 있음을 느낄 수 있다. 편지를 읽을 아들의 심기를 생각하며 아주 조심스럽게 자신의 의견을 꺼내는 것도 그렇고, 이 말을 하기 위해 손자가 열다섯 살이 될 때까지 오랜 세월 기다렸다는 데서도 퇴계의 아들 사랑을 읽을 수 있다.

가정의 중심을 잘 잡고 튼실한 대들보 역할을 잘 수행한 퇴계로 인해 퇴계 가문은 자자손손 번창하며 발전하는 가문으로 자리 잡게 되었다. 오늘날 퇴계학이 융성하게 된 배경에 퇴계 문중이 있다고 말해도 과언이 아니다. 이 문중의 전통은 가정을 중시하고 가족 한 사람 한 사람을 세심하게 배려하고 보호하고 지원한 퇴계에게서 비롯된다. 한 가정의 중심이 되어 부모를 부모답게, 부부를 부부답게, 자녀를 자녀답게 살 수 있도록 돕는 일은 바로 자신을 돕는 일이요 세상을 행복하게 사는 지름길임을 그는 산 모범으로 보여 주었다.

현대를 살아가는 아버지의 중심 잡기

자, 이제 퇴계에게서 배운 바를 바탕으로 현대를 살아가는 아버지가 가정의 중심 역할을 어떻게 해야 할지 살펴보자.

첫째, 가정을 철저하게 사수하자. 일단 결혼을 하고 아이를 낳아 가정을 꾸렸으면 가급적 이혼을 하지 말자. 현재 우리나라는 세계에서 몇 번째로 꼽힐 정도로 이혼율이 높다. 이혼하는 사람들이 많아지면서 이혼을 자연스럽게 받아들이는 풍토도 생기고, 한부모 가정 자녀를 위한 사회적인 대책도 논의 중이다. 하지만 이혼이 늘어나는 현상은 사회적으로 보나 개인 정신건강으로 보나 결코 바람직한 일이 아니다.

이혼은 가정에 큰 영향을 미친다. 이혼하는 부부에게도 심리적인 고통과 충격을 주겠지만 그 자녀들에게 미치는 영향은 심각할 정도다. 부모가 이혼한 이유, 이혼한 시기, 이혼의 과정, 이혼 후 생활 양상, 아이의 적응력 등에 따라 정도에 차이가 있지만 자칫 잘못하면 세상을 어둡고 부정적으로 보게 될 가능성이 높고, 사람을 사귀고 깊은 관계를 맺는데 상당한 어려움을 겪는다. 안정된 관계에 대한 신뢰감이 떨어지고 이별에 대한 두려움이 작용하기 때문이다.

그러므로 아버지들이여! 이혼은 아예 생각하지 말자. 가정폭력이나 아동학대처럼 정말 아내와 헤어져야 할 절박한 사연이 있기 전에는 가정을 깨지 말자. 퇴계를 생각해 보라. 그가 고백했듯이 정신이 맑지 못한 아내와 더불어 살려니 얼마나 마음고생이 심했을까? 그래도 퇴계는 아내를 공경하며 꿋꿋하게 가정을 지켜냈다. 정신질환을 앓는 아내를 포용할 수 있을진대 어떤 아내를 내칠 수 있을까? 그러므로 부부 사이에 문제가 생기거든 아내 탓을 하지 말고 자신을 돌아보라. 마음에서부터 아내를 존중하고 있는지, 아내를 성심으로 대하고 있는지, 아내를 제대로 이해하고 있는지 살펴보라. 이렇게 하며 가정을 잘 지키면 머지않아 아내와 자녀들로부터 그 천 배 만 배 보상을 받을 것이다.

둘째, 가정의 위계 질서를 바로 세우자. 가정의 중심은 부부다. 그러므로 부부가 가장 힘이 세고 권위가 있어야 한다. 힘 있는 부부가 한가운데 자리를 잡고 위로는 할아버지 할머니, 아래로는 자녀들이 자리 잡는 것이 바람직한 가정의 모습이다. 이 위계는 밥 먹을 자리를 정할 때는 물론이요 가정에서 일어나는 모든 일에 적용되어야 한다. 만일 이 위계가 뚜렷하지 않으면 여러 가지 문제가 발생한다. 자녀가 부모에게 대들고 손자가 조부모를 무시하는 행동은 모두 여기에서 비롯된다.

최근 들어 자녀와 친구처럼 지내는 부모가 많아졌다. 부모 자식 사이에 애틋한 사랑을 나누며 보다 친밀하게 지내려는 뜻에서 그럴 것이다. 좋은 현상이다. 하지만 자칫 잘못하면 아이들이 부모를 우습게 여기게 될 가능성도 있다. 친구처럼 지내다보니 아이들이 잘못을 해도 엄하게 꾸짖지 못하고 아이들이 싫어하는 일은 아예 할 엄두를 내지 못하는데, 이렇게 되면 부모의 권위는 땅에 떨어지고 아이들 교육은 엉망이 돼 버린다. 아이와 함께 쇼핑을 나온 엄마가 떼를 쓰는 아이를 달래지 못해 허둥대는 꼴은 여기에서 비롯된 것이 아닐까?

부모는 부모고 친구는 친구다. 때때로 친구 같은 부모는 될 수 있어도 부모가 친구일 수는 없다. 그러므로 자녀들과 친밀하게 지내는 동시에 부모로서 권위와 힘을 사용할 때는 확실하게 해야 한다. 어릴 때부터 아이들 머릿속에 가정의 위계가 분명히 각인되도록 부부는 가정의 중심 역할을 잘 수행해야 한다.

셋째, 중도를 지키자. 중도는 가운데 길이라는 뜻이다. 중도를 지키라는 말은 이쪽으로도 저쪽으로도 치우치지 말고 모두가 수긍하고 인정하는 길을 택하라는 말이다. 아버지가 가정의 중심 역할을 잘 하려면 가정에서 일어나는 여러 가지 일에 중도를 지킬 필요가 있다. 퇴계가 그랬듯이 원칙을 지키되 융통성을 발휘하고, 자애로움과 엄격함을 조화시키고, 칭찬과 훈계를 병행하는 식으로 중도를 잘 지켜나가도록 하자.

그러기 위해서 아버지는 가족의 말을 잘 듣고 그들이 진정 원하는 바가 무엇인지 잘 파악해야 한다. 일단은 그들이 원하는 것을 잘 알아야 그에 합리적으로 대처할 수 있는 중도적 방법을 생각할 수 있다. 가족의 욕구는 아랑곳하지 않고 아버지라고 무조건 권위를 내세우거나 쓸데없는 고집을 부려 한쪽으로 치우친다면 자녀들로부터 존경을 받기가 하늘의 별따기처럼 어려울 것이다.

중도를 잘 지키려면 자신의 감정을 관리하고 통제하는 일도 중요하다. 감정에 사로잡혀 마음이 출렁이면 차분하게 사태를 파악하고 대처하는 일이 어려워지기 때문이다. 예를 들어, 자녀를 꾸중할 때 감정이 앞서면 올바르게 타이르기는커녕 아이에게 커다란 상처만 남길 수도 있다. 자녀의 잘못을 그때 그때 지적하지 않고 한꺼번에 모아서 아주 박살을 내버리는 아버지들이 이런 경우에 속한다. 퇴계는 집안사람들이 눈치 챌 정도로 크게 기뻐하거나 성을 내지 않았다고 했다. 아마도 한 때의 기분에 휘둘리지 않고 늘 평정심을 유지하려고 노력하는 모습이 가족들 눈에 그렇게 비친 것이리라. 이렇게 함으로써 퇴계는 안으로 자신을 주시하고 밖으로 주변을 잘 살필 수 있었을 것이며, 그 결과 가정에서 일어나는 여러 가지 일에도 한쪽으로 치우치지 않는 현명한 판단을 할 수 있었을 것이다. 감정에 쉽게 동요하지 않는 퇴계의 태도는 오늘을 사는 아버지들도 배울 만한 마음가짐이라고 하겠다.

참고문헌 │ 홍승윤, 이윤희(2007). **퇴계선생언행록.** 퇴계학연구원.
│ 퇴계학총서 편간위원회(1994). **퇴계전서.** 퇴계학연구원.

3.
아버지가 모범을 보이면
자식들은 저절로 따른다

다산 정약용에게 배우는 자식에게 모범 보이기

교육학자들은 모범 보이기를 인류가 발견한 최고의 교육 방법으로 꼽는다. 도제 교육이니 멘토링이니 튜터링이니 하는 방법들의 효과도 사실은 모범 보이기에 뿌리를 두고 있다. 의식의 내용을 철저하게 배제한 채 인간의 행동을 설명하려고 한 행동주의 심리학조차 모범 보이기의 학습 효과가 매우 크다는 점을 인정하고 행동주의 이론을 크게 수정할 정도였다. 그만큼 모범 보이기의 교육 효과는 막강하다. 그러나 모범 보이기가 좋은 교육 방법이라는 사실을 아는 것과 모범 보이기를 제대로 하는 것은 아주 다르다. 부모가 자녀를 대하는 방법을 보면 금방 알 수 있다. 공부를 열심히 하는 자녀를 만들려면 부모 스스로 진지하게 공부하는 모습을 보여야 함에도 불구하고 입으로만, 아니면 건성으로 공부하는 시늉을 하는 데서 그치고 만다. 그러고 나서는 공부하지 않는다고 자녀들을 야단치기 바쁘니 한심한 노릇이다. 아이들 눈에 이런 부모는 어떻게 비칠까?

요즘 우리 부모들과 마찬가지로 다산 정약용(1762~1836) 선생은 자녀들에게 공부를 열심히 하라고 심하게 다그친다. 하지만 그는 요즘 부모들과 달리 자녀들에게 행동으로 모범을 보인다. 다산은 자녀들에게 공부하는 모범을 어떻게 보여 주었을까? 그의 삶을 더듬으며 한 수 배워 보자.

유배지에서도 자식들의 공부를 걱정하다

다산 정약용은 우리 민족 최대의 학자이자 사상가이자 시인이라는 칭송을 받는 위대한 분이다. 그는 정치, 경제, 역사, 지리, 문학, 철학, 의학, 교육학, 군사학, 자연, 음악 등 거의 모든 학문 분야에 걸쳐 방대한 양의 저술을 남겼다. 그의 저술은 대체로 6경(經) 4서(書), 1표(表) 2서(書), 시문집과 기타 저술 등 세 분야로 나눌 수 있는데, 각 분야에 232권, 138권, 260권 등 총 492권에 달한다. 이것은 한자가 발명된 이래 한 사람이 쓴 한자 저작물로는 가히 세계 최대라고 말할 정도로 엄청난 분량이다.

하지만 다산의 삶은 그야말로 파란만장하다. 비교적 평온한 유년과 청년 시절을 보낸 다산은 정조의 사랑을 받으며 벼슬살이를 하다가 당쟁의 희생양이 되어 40세가 되던 해부터 57세가 되기까지 강진에서 유배생활을 하게 된다. 57세에 귀양살이에서 풀려난 그는 고향인 양주에서 후학을 가르치며 여유 있는 여생을 보낸다. 주목할 것은 500권에 달하는 다산의 저작 대부분이 이 유배생활을 하던 강진에서 지어졌다는 점이다. 외롭고 험난한 유배생활에 좌절하기는커녕 오히려 학문에 정진하여 인류가 놀랄 만한 엄청난 업적을 이루어 낸 다산에게 경의를 표하지 않을 수 없다.

다산이 18년 동안 유배지에 살면서 두 아들 학연과 학유에게 보낸 편지의 내용은 처음부터 끝까지 거의 대부분 '공부 열심히 하라.'는 말로 채워져 있다. 그야말로 공부하라는 잔소리가 이만저만이 아니다. 아들들의 입장에서 보면 다소 지겨웠을 법도 하다. 하지만 다산의 잔소리에는 자녀들을 움직이는 힘이 들어 있다. 그 잔소리들이 아버지의 삶을 있는 그대로 담았을 뿐 아니라 자녀들을 아주 정밀하고 세련되게 공부하는 삶으로 안내해 주었기 때문이다. 그렇다면 다산은 어떻게 자녀들을 공부의 세계로 안내했을까? 먼저 공부를 왜 해야 하는지 공부에 대한 동기를 일으키는 부분부터 살펴보자.

공부에 동기 부여하기

다산이 유배를 당하면서 다산의 가문은 소위 폐족으로 전락한다. 폐족은 다시 복권되기까지 과거를 보아 벼슬길에 나아가는 길이 막힌 가문을 말한다. 시쳇말로 집안이 망한 것이다. 이렇게 집안이 망하고 나니 두 아들은 공부에 대한 희망을 접고 자포자기한 상태로 지내게 된 것 같다. 다산의 잔소리는 여기에서 시작된다. 다산의 잔소리를 직접 들어 보자.

……(전략)…… 이제 너희는 망한 집안의 자손이다. 그러므로 더욱 잘 처신하여 본래보다 훌륭하게 된다면 이것이야말로 기특하고 좋은 일이 되지 않겠느냐? 폐족으로서 잘 처신하는 방법은 오직 독서하는 것 한 가지 밖에 없다. 독서라는 것은 사람에게 가장 중요하고 깨끗한 일일 뿐 아니라 호사스런 집안 자제들에게만 그 맛을 알도록 하는 것도 아니고 또 촌구석 수재들이 그 심오함을 넘겨다볼 수 있는 것이 아니기 때문이다. 벼슬하는 집안의 자제로서 어려서부터 듣고 본 바도 있는데다 중간에 재난을 만난 너희 같은 젊은이들만이 진정한 독서를 하기에 가장 좋은 것이다. 그네들이 책을 읽을 수 없다는 것이 아니라 뜻도 의미도 모르면서 그냥 책만 읽는다고 해서 독서를 한다고 할 수 없기 때문이다. ……(중략)…… 이제 너는 과거에 응시할 수 없게 되었으니 과거 공부로 인한 그런 걱정은 안 해도 되겠구나. 내 생각에는 네가 이미 진사도 되고 과거에 급제한 실력은 족히 된다고 본다. 글을 알면서도 과거 때문에 오는 제약을 벗어나는 것과 진사가 되고 급제한 사람이 되는 것 중

어느 편이 나은 일인가는 말하지 않더라도 잘 알 것이다. 너희야말로 참으로 독서할 때를 만난 것이다. 지난번에 말했듯이 가문이 망해 버린 것 때문에 오히려 더 좋은 처지를 이룩할 수 있다는 게 바로 이런 것 아니겠느냐.

이 편지에서 다산은 집안이 망해서 과거를 보지 못하게 된 것이 오히려 제대로 된 공부를 할 수 있는 좋은 기회를 맞은 셈이라고 격려한다. 독서라는 것은 사람에게 가장 중요하고 깨끗한 일인데 다른 목적 없이 독서에 전념할 수 있으니 얼마나 행복하냐는 것이다. 게다가 독서를 독서답게 할 수 있는 집안에서 태어났을 뿐 아니라 읽은 내용을 생활에서 체득할 수 있는 환경을 맞았으니 이 또한 큰 복이라고 말하고 있다. 거듭되는 다산의 편지를 읽어 보자.

너희는 집에 책이 없느냐? 몸에 재주가 없느냐? 눈이나 귀에 총명이 없느냐? 어째서 스스로 포기하려 하느냐? 영원히 폐족으로 지낼 작정이냐? 너희 처지가 비록 벼슬길은 막혔어도 성인이 되는 일이야 꺼릴 것이 없지 않느냐. 문장가가 되는 일이나 지식이 넓어 막힘 없는 선비가 되는 일을 꺼릴 것이 없지 않느냐. 꺼릴 것이 없는 것뿐 아니라 과거 공부하는 사람들이 빠지는 잘못을 벗어날 수도 있고, 가난하고 곤궁하여 고생하다 보면 그 마음을 단련하고 지혜와 생각을 넓히게 되어 인정이나 사물이 진실과 거짓을 옳게 알 수 있는 장점을 가지고 있는 것이다. ……(중략)…… 폐족에서 재주 있는 선비들이 많이 나오는 것은, 하늘이 재주 있는 사람을 폐족에서 태어나게 하여 그 집안에 보탬이 되게 하려는 것이 아니다. 부귀영화를 얻으려는 마음이 근본 정신을 가리지 않아 깨끗한 마음으로 독서하고 궁리하여 진면목과 바른 뼈대를 얻을 수 있기 때문이다.

사실 다산은 공부하고 독서하는 일을 사람의 삶에서 가장 귀중한 일로 여겼다. 한 제자에게 보낸 편지에서 다산은 '학문은 사람이 마땅히 해야 할 유일무이한 것'이라고 단언하고 있다. 사람들이 학문을 하고 배움에 뜻을 두는 것은 그것이 바로 사람으로서 마땅히 걸어가야 할 법칙이기 때문이라는 것이다. 따라서 공부는 벼슬을 얻고 출세하기 위한 수단과 도구로 쓰일 수도 있지만 그 진정한 목적은 사람이 사람답게 사는 데 있다. 그러므로 공부를 따로 떼놓고 사람답게 살 수 있는 길은 아예 생각할 수도 없다는 것이다. 공부의 가치와 의미가 사람답게 사는 데 있음을 다산은 아들과 제자들에게 간절한 심정으로 전하려고 하였다.

비판과 격려, 모범 보이기로 자식의 공부를 돕다

하지만 다산은 이 정도 잔소리로 아들들이 태도를 바꿔 공부

에 전념하리라고는 생각지 않았다. 그래서 여기에다 협박과 애
원을 추가한다.

……(전략)……내가 보기에는 천하에 불효자였던 한나라의
조괄은 아버지의 글을 잘 읽었기 때문에 나중에는 어진 아들이
되었다고 생각한다. 너희가 참말로 독서를 하고자 않는다면 내
저서는 쓸모없는 것이 되고 말 것이다. 내 저서가 쓸모없다면
나는 할 일이 없는 사람이 되고 만다. 그렇다면 나는 앞으로 마
음의 문을 닫고 흙으로 빚은 사람처럼 될 뿐 아니라 열흘이 못
가서 병이 날거고 이 병을 고칠 수 있는 약도 없을 것인즉 너희
가 독서하는 것은 내 목숨을 살려 주는 것이다.

……(중략)……너희가 끝끝내 배우지 아니하고 스스로를 포
기해 버린다면 내가 해 놓은 저술과 간추려 놓은 것들은 앞으로
누가 모아서 책을 엮고 교정을 하며 정리하겠느냐? 이 일을 못
한다면 내 책들은 더 이상 전해질 수 없을 것이며, 내 책이 후세
에 전해지지 않는다면 후세 사람들은 단지 사헌부에 기록된 판
결문만 믿고서 나를 평가할 것이 아니냐. 그렇게 되면 나는 어
떤 사람으로 취급받겠느냐? 아무쪼록 너희는 이런 점까지 생각
해 다시 분발하여 공부해서 내가 이어온 실낱같이 된 우리 집안
의 글 하는 전통을 너희가 더욱 키우고 번창하게 해 보아라.

……(중략)……지금 나는 멀리 귀양살이 와 남쪽 풍토병이 심
한 변방에서 겨우 목숨을 부지하고 외롭고 불쌍하게 지내면서

밤낮으로 너희에게 희망을 걸고 마음속에 담긴 뜨거운 마음을 쏟아 편지를 보내고 있는데, 너희는 이것을 한 번 얼핏 읽어 보고 고리짝에 처 넣고는 다시 마음을 두지 않아서야 되겠느냐?

아버지가 이렇듯 자신의 일생과 목숨을 걸고 애원하는 듯 협박하는 듯 호소하는데 아들들이 무심하게 넘어가기는 무척 어려웠을 것이다. 효를 제일로 치던 사회에서 내가 공부를 하지 않으면 아버지의 목숨이 위태롭고 명예가 땅에 떨어진다는데, 자식 된 도리로 어찌 모른 체할 수 있겠는가? 하다못해 공부하는 시늉이라도 할 수밖에 없었을 것이다. 자식들로서는 아버지가 좀 유치하다고 생각했을지 모르지만 수천 리 떨어진 곳에서 편지로만 뜻을 전할 수 있었던 다산으로서는 그야말로 고육지책으로 이렇게 했을 법하다.

그렇다고 해서 다산이 자식들의 마음을 흔들기 위해 비장한 방법만을 쓴 것은 아니다. 이따금 칭찬과 격려를 곁들임으로써 자녀들에게 자부심을 심어 주고 부추기는 일도 잊지 않았다.

……(전략)……너희 중에 학연의 재주와 기억력은 내가 젊었을 때보다는 조금 떨어지는 듯 하나 열 살 때 지은 네 글을 나는 스무 살 적에도 짓지 못했을 것 같고 이 근래에 지은 글은 지금의 나로서도 미치지 못할 것이 더러 있으니 그것은 네가 효과적으로 공부하는 길을 택했고, 견문이 조잡하지 않기 때문

아니겠느냐.

……(중략)……너희 중 학유의 재주와 역량을 보면 큰 애보다 주판 한 알쯤 부족한 듯하나 성품이 자상하고 무엇이든지 생각하는 사고력이 있으니 진정으로 열심히 책 읽는 일에 온 마음을 기울이면 어찌 형을 따를 수 없다고 하겠느냐 .

……(중략)……네 동생 학유의 재주는 너에 비하면 조금 부족한 것 같다. 그런데 금년 여름 고시와 운이 안 달린 부를 짓게 했더니 좋은 작품이 많이 나왔다. 가을부터는 『주역』을 베끼는 일에 힘쓰느라 독서를 많이 못했지만 그 애의 견해는 제법이고, 요즈음은 좌전을 읽고 있는데 옛 임금들의 전장이라든지 대부들의 말 올리는 법도 등을 거의 다 배워 아주 잘 알고 있어 꽤 볼 만한 경지에 이르렀다. 그런데 너는 본래 네 동생에 비해 재주가 조금 낫고 어렸을 때 독서한 것도 동생에 비해 대강 갖추어졌으니 이제라도 용맹스럽게 뜻을 세워 분연히 향학열을 돋운다면 서른이 넘기 전에 응당 대학자로 이름을 얻을 것이다.

이렇게 다산은 공부를 열심히 하라고 여러 가지 방법으로 아들들을 다그치고 있다. 하지만 다산의 잔소리와 다그침은 다산 스스로 몸이 망가질 정도로 열심히 공부하는 모범을 보이지 않았다면 아무 소용이 없었을지도 모른다. 스스로 고백했듯이 다산은 욕되고 고통스러운 세월을 보내면서 단 하루도 멈추지 않고 예와 관련된 책을 공부했으며, 새벽부터 밤중까지 읽고 사색하는 일을 게을리 하지 않았다. 오죽하면 공부하고 저술하는 작업에 몰두하느라 방바닥에서 떼지 않았던 복사뼈에 세 번이나 구멍이 났다고 했을까! 다산은 아들들에게 이렇게 쓰고 있다.

……(전략)……나는 임술년(1802년, 유배당하고 2년째)부터 책을 저술하는 일에 마음을 기울이고 붓과 벼루를 옆에 두고 밤낮으로 쉬지 않으며 일해 왔다. 그래서 왼쪽 팔이 마비되어 마침내 폐인이 다 되어 가고 시력이 아주 형편 없이 나빠져 오직 안경에 의존하고 있는데 이렇게 하는 일이 무엇 때문이겠느냐?

몸이 망가질 정도로 쉼 없이 공부하는 아버지의 간절한 소망이 무엇인지 너무나 잘 아는 아들들이 아버지의 뜻을 외면하기란 참으로 어려웠을 것이다. 다산은 이렇게 온몸과 마음으로 자식들에게 공부하는 모범을 보여 주었고, 감동을 받은 자식들은 아버지의 뜻에 따라 평생 공부하는 길로 들어선다.

다산이 추천하는 공부법

다산의 모범 보이기는 공부하는 방법에서 절정을 이룬다. 다산은 아들들에게 공부하는 태도, 공부할 내용, 공부하는 방법에 대해 아주 세밀하고 친절하게 설명한다. 자신이 공부하면서 깨달은 공부 잘하는 비법을 유감 없이 가르친 것이다. 이 비법은 오늘날 공부에 뜻을 둔 사람들에게도 커다란 도움이 될 수 있다. 그렇다면 다산은 어떤 공부법을 추천했을까?

첫째, 다산은 공부하는 태도로서 용기를 강조하였다. 다산이 말하는 용기는 할 수 있다는 자신감과 꺾이지 않는 굳은 의지를 뜻한다.

……(전략)…… "순임금은 어떤 사람이냐? 나도 순임금처럼 될 수 있다."라고 공자의 제자 안연이 말했는데, 무슨 일을 하려는 사람은 이처럼 용기가 있어야 한다. 나라를 다스리는 학문을 하고 싶으면 "주공은 어떤 사람이냐?" 하며 그분처럼 되려고 실천하기만 한다면 그렇게 될 것이다. 문장가가 되고프면 "유향이나 한유는 어떤 사람이냐?" 하고 하면서 열심히 실천에 옮기기만 하면 될 수도 있다. 글씨 잘 써서 이름을 날리고 싶으면 "왕희지나 왕헌지는 어떤 사람이냐?"로 시작하고, 부자가 되고프면 "도주나 의돈은 어떤 사람이냐?"라고 하여 노력하면 된다. 무릇 하나의 하고픈 일이 있다면 그 목표되는 사람을 한 사람 정해 놓고 그 사람의 수준에 오르도록 노력하면 그런 수준에 이를 수 있으니 이런 것은 모두 용기가 있어야 할 수 있는 일이다.

이렇게 공부에 용기를 품은 사람은 한 때 재해를 당했다고 해서 쉽게 청운의 뜻을 꺾지 않는다. 다만 뜻을 이룰 때까지 앞으로 나아갈 따름이다. 다산은 스무 살 때 우주 사이의 모든 일을 깨닫고 완전히 그 이치를 정리하려는 마음을 먹었다고 한다. 그의 이런 의지는 서른 살, 마흔 살이 지나도 쇠약해지지 않았고 18년이라는 긴 유배생활도 막지 못하였다. 오늘날 다산학이라고 불리는 엄청난 지식이 생산된 이면에는 공부를 향한 다산의 강철 같은 용기가 자리하고 있다. 다산은 공부를 대하는 태도로서 이 용기의 중요성을 여러 번 강조하여 아들들을 격려하였다.

둘째, 다산은 공부할 내용에 분명한 순서가 있음을 강조하였다. 공부는 그냥 닥치는 대로 하는 것이 아니라 체계적인 순서를 따라야 한다는 것이다. 다산은 흔히 실학자라고 불린다. 그래서 실용을 강조하고 생활에서 겪는 실제적인 문제를 해결하는 데 관심을 두고 있다고 말한다. 틀린 말은 아니다. 하지만 실학자라고 해서 다산이 실용적인 내용에만 몰두하였다고 생각하면 큰 오산이다. 다산이 탁상공론에 치우친 허무한 학문을 배격한 것은 분명한 사실이지만 학문의 실용성을 제대로 확보하기 위하여 탄탄한 배경 지식으로서 경학, 경세학, 역사학을 중시한 것 역시 사실이다. 실제 다산의 저작 중에 상당수가 사서삼경과 『주역』에 관한 내용이다. 그래서 다산은 공부하는 순서를 분명하게 정해 놓고 있다. 최종적으로 실용에 도움이 되는 학문을 하되 처음에는 경학과 역사학을 공부하여 단단하게 터를 다져 놓아야 한다는 것이다.

……(전략)……반드시 처음에는 경학 공부를 하여 밑바탕을 다진 후에 옛날의 역사책을 섭렵하여 옛 정치의 득실과 잘 다스려진 이유와 어지러워진 이유 등의 근원을 캐볼 뿐 아니라 모름지기 실용의 학문, 즉 실학에 마음을 두고 옛사람들이 나라를 다스리고 세상을 구했던 글들을 즐겨 읽도록 해야 한다.

실생활에 도움이 되는 공부를 하되 그 전에 자신과 주변을 관리하고 세상 돌아가는 이치와 원리를 깨달아 아는 인문학적 소양을 먼저 쌓으라는 말이다. 다산의 이런 생각은 오늘날에도 새겨들을 만하다. 인문학적 소양이 다져져 있지 않으면 설혹 실용적인 지식이 많아도 그것을 제대로 살리지 못하는 경우가 허다하기 때문이다. 대학에서 교양 교육을 전공 교육에 앞세우는 것도 같은 맥락에서 이해할 수 있다.

이런 점에서 보면 성공과 출세를 향해 다짜고짜 실용 지식을 가르치려는 작금의 우리 교육 현실이 불안하기 짝이 없다. 이를테면 장래 '쓸모'를 강조하며 유치원 아동들에게 영어를 가르치려고 혈안이 되어 있는 학부모들을 보면 안타까운 마음이 솟는다. 영어를 아무리 잘해도 사람을 배려하며 생산적인 모듬살이를 할 줄 아는 사람으로 성장하지 않는다면 과연 그렇게 배운 영어가 무슨 소용일까? 돈 때문에 부모를 살해한 한 대학교수를 생각하면 이런 걱정이 기우만은 아니다.

어쨌거나 다산은 경학과 역사 공부를 소홀히 하지 않았다. 그스스로 '중국의 진나라, 한나라 이후 수천 년이 지난 지금 수천 리 떨어진 요동만의 동쪽에 위치한 조선에서 공자, 맹자 시대의 옛 예를 다시 파악하느라 골몰하고 있다.'고 말할 정도로 깊이 몰두했다. 다산의 저작 중에 사서삼경과 『주역』에 관한 저술이 대부분이라는 점이 이를 증명한다. 하지만 이 저술들은 대개 초기 작품들이다. 우리가 잘 알고 있는 『경세유표』, 『목민심서』, 『흠흠신서』 등 다산의 대표적 실학 서적들은 유배생활이 끝나가던 56세 이후에 비로소 완성되기 시작한다. 그러니까 초기에는 경학과 역사학을, 후기에는 실학에 대한 탐구에 집중하였다. 공부 순서에 대해서도 아들들에게 조언한 그대로 몸소 실천에 옮겼던 것이다.

셋째, 다산은 학습 전문가라는 말이 손색이 없을 정도로 다양한 공부 방법에 정통해 있었다. 특히 책을 읽고 저술하는 방법에 대해서 다산이 제시하는 공부법은 오늘날에도 배울 가치가 충분하다. 다산이 공부하는 모습을 상상하며 찬찬히 살펴보자.

공부 계획을 세운다

다산은 어렸을 때 새해를 맞을 때마다 반드시 일 년 동안 공부할 과정을 미리 계획하였다. 무슨 책을 읽고 어떤 글을 뽑아 적어야 할지 미리 계획을 세워 놓고 그대로 실천하곤 했다. 때때로 이런저런 사고가 생겨 계획대로 실행하지 못할 때도 있었지만 처음에 세워 놓은 계획은 마음을 다잡고 정진하는 데 큰 도움이 되었다.

독서, 초록, 저술을 병행한다

다산의 공부법에서 특히 눈여겨볼 부분이다. 그는 이 세 가지를 상호 유기적으로 연관되어 있는 작업으로 설명한다. 다시 말하면, 이 세 가지 작업은 따로따로 분리되지 않고 톱니바퀴처럼 맞물려 돌아가야 효과를 볼 수 있다는 것이다. 책 읽기가 제대로 되려면 책을 읽는 목적과 의도가 분명해야 하고, 읽은 내용 중 중요하거나 필요한 부분을 뽑아 기록하여야 하며, 이들을 일정한 틀 속에 담을 수 있어야 한다. 즉, 다산은 책을 읽기 전에 책 쓰기가 전제될 필요가 있다고 본 듯하다.

책을 읽는 목적이 필요한 지식을 발췌하여 자기 나름대로 재구성하는 데에 있다고 본다면 책 읽기(독서)와 책 쓰기(저술)는 당연히 함께 이루어져야 할 작업일 수밖에 없다. 필요한 지식을 뽑아 내어 기록하고 분류하는 초록 작업은 이 과정에서 책 읽기와 책 쓰기를 연결하는 중간 다리 역할을 할 것이다.

여기서 다산이 말하는 저술에 대해 약간의 설명을 덧붙여 보자. 다산에게 저술은 이전에 없었던 새로운 지식을 창조한다기보다 기왕의 저서들을 나름대로 이해하기 위한 정리 작업이요 비평 작업이라는 뜻이 강하다. 그에게 저술은 하나의 이해 방편이자 공부 방법이다. 따라서 저술하는 작업은 반드시 높은 식견을 가진 사람만이 할 수 있는 일이 아니다. 독서를 제대로 하기 원하는 사람, 공부를 제대로 하기 원하는 사람은 모두 저술가일 필요가 있다. 다시 말해 초등학생도 저술을 할 수 있다. 아니, 저술법을 활용하는 초등학생은 공부를 잘하는 학생일 것이다. 예컨대, 수학을 공부하는 학생이 자기가 풀지 못한 문제들을 뽑아 체계적으로 정리해 놓은 오류 노트는 그 학생에게 하나의 훌륭한 저술이 될 수 있다. 저술한 내용을 출판하여 세상에 내놓는 일은 또 다른 문제다.

독서, 초록, 저술을 유기적인 활동으로 묶어 놓으면 공부하는 일 자체가 자기주도적인 활동이 된다. 책을 읽기 전에 먼저 분명한 의도를 가져야 하고, 그 의도에 따라 책에 담겨 있는 중요한 구절을 뽑아 놓고, 뽑아 놓은 내용을 체계적인 틀에 담는 작업 하나하나가 공부하는 사람의 자기주도성이 없으면 아예 불가능하다. 이렇게 삼박자를 갖추며 공부할 줄 아는 사람에게 저술은 아주 손쉬운 작업이다. 다산이 500권이 넘는 많은 책을 저술할 수 있었던 것은 독서와 초록과 저술을 유기적으로 엮어 놓은 공부 습관에서 비롯된다. 다산의 말을 들어보자.

……(전략)……내가 몇 년 전부터 독서에 대하여 깨달은 바가 무척 많은데 마구잡이로 그냥 읽어 내리기만 한다면 하루에 백 번 천 번을 읽어도 읽지 않는 것과 다를 바가 없다. ……(중략)……무릇 책 한 권을 볼 때 오직 나의 학문에 도움이 될 만한 것이 있으면 추려 쓰고 그렇지 않다면 하나도 눈여겨볼 필요가 없는 것이니 백 권 분량의 책일지라도 열흘 정도의 공을 들이면 되는 것이다.

다산의 논리에 따르면 공부를 제대로, 그리고 열심히 하는 사람이라면 응당 저서가 많아야 한다. 무언가 의도를 가지고 책을 읽으면 많이 읽을수록 추려 쓸 내용이 많아질 것이요, 결과적으로 걸러 내어 저술할 거리도 많아질 것이기 때문이다. 아마 다산의 눈에 읽기는 엄청 많이 하는데 저서가 없는 사람은 공부를 제대로 할 줄 모르는 사람으로 비쳤을 법하다. 그의 눈에는 무턱대고 책을 읽는 행위가 공연한 시간 낭비로 보일 것이다.

공부로 모범을 보일 수 있는 최고의 경지

지금까지 다산의 공부법에 대해서 살펴보았다. 과연 다산의 공부법은 그의 아들들뿐 아니라 오늘을 살아가는 우리도 모범으로 삼기에 충분하다. 하지만 여기에 더하여 그를 본으로 삼아야 할 또 하나의 소중한 사실이 있다. 공부에 몰입할 때 경험하는 경지의 변화요 존재의 변형이다. 처음 공부를 시작한 자는 다산이지만 그 공부를 완성시켜 새로운 경지를 열어 간 자는 다산 아닌 다산, 또는 다산을 넘어선 또 다른 존재다. 이게 도대체 무슨 말일까? 다산의 고백을 들어가며 이 궁금증을 풀어 보자.

다산은 아주 어릴 적부터 공부에 열중한다. 그는 훗날 『자찬묘지명』에서 '어려서부터 영특하여 제법 문자를 알았다.'라고 기록한 바 있는데, 기록 그대로 다산은 네 살 때 천자문을 배웠고 열 살 이전에 지은 시를 모아 『삼미자집』이라는 시집을 엮기도 했으며, 열 살이 되어서는 경서와 사서를 모방해 작문한 글이 자신의 키만큼 쌓였다고 할 정도로 공부에 열심이었다. 공부에 대한 다산의 열정은 나이가 들면서도 끊이지 않았다. 그는 경서, 역사서, 실용서를 두루 섭렵하였을 뿐 아니라 서양에서 전래된 천주학에도 깊이 몰입한 적이 있다. 다산의 이러한 열정은 강진에서 유배생활을 시작하면서 더욱더 거세게 타오른다. 그리하여 다산은 애오라지 공부하는 일로 세월을 보낸다.

하지만 공부하는 모든 사람이 경험하듯 어느 정도 수준에 이르자 다산 역시 앞을 가로막는 장애물들을 만난다. 마치 움직일 수 없는 벽을 만난 듯, 또는 한 치 앞으로도 나아갈 수 없는 절벽

위에 선 듯 답답한 순간들을 곳곳에서 만나게 된다. 다산의 진가는 바로 여기에서 빛이 난다. 아들들에게 말한 것처럼 학문을 향한 열정과 용기로 똘똘 뭉친 그는 결코 물러서지 않았다. 밥 먹고 잠자는 것을 잊을지언정 앞으로 가는 길을 포기하거나 피하려고 하지 않았다. 그리하여 다산은 마침내 문제를 극복하고 학문적으로 한 단계 올라서는 수직 상승을 경험한다. 마치 애벌레가 나비로 변신하듯 그렇게 다산은 학문적 상승과 변신을 여러 차례 되풀이하면서 점차 완숙된 경지로 나아간다. 다산의 말을 직접 들어보자.

……(전략)……평소 『논어』에 대한 고금의 여러 학설을 수집하였던 것이 많지 않았던 것은 아닙니다만, 한 장씩 대할 때마다 고금의 여러 학설을 모조리 고찰하여 그중에서 좋은 것을 취해 나가 간략히 기록하고, 그중에서 의견이 대립되고 있는 것은 취해다가 논평하여 단정했으니, 이제야 이밖에 새로 더 보충할 것이 없다고 말할 수 있겠습니다. 그런데도 고금의 학설들을 두루 고찰해 보면 도무지 이치에 합당하지 않은 것이 있는데, 이때에는 어쩔 수 없이 책을 덮고 눈을 감은 채 앉아서 더러는 밥 먹는 것도 잊고, 더러는 잠자는 것도 잊노라면 반드시 새로운 의미나 이치가 번뜩 떠오르게 마련입니다. 『학이』와 『위정』 두 편에서 새로운 의미와 이치를 깨달은 것만도 이미 10여 조목이나 됩니다.

공부가 깊어지며 만나는 고비고비마다 다산은 굽히지 않고 이런 태도로 임했다. 어쩌다가 하루 이틀이 아니요 수십 년 동안 다산은 일관되게 이런 태도를 유지했고, 때로는 하나의 주제에 수년 동안 심혈을 기울이기도 했다. 그리하여 이제는 다산이 공부하는 것이 아닌 공부가 공부를 이끄는 경지, 다시 말하면 공부에 있어 신의 경지에 도달하게 된다.

……(전략)……5천 년 전 음악에 관한 학문의 그 근본 정신을 오늘에 되살려 내었으니 이 일은 제가 마음으로 이해할 수 있었던 게 아닙니다. 수 년 이래로 밤낮으로 사색하고 산(算) 가지를 붙잡고 늘어 놓고서 오랫동안 심혈을 기울이다보니 하룻날 아침에 문득 마음에 깨달음의 빛이 나타났습니다. 삼기와 육평, 차삼, 구오의 방법들이 섬광처럼 내 눈앞에 열 지어 서기 시작했습니다. 이때에 붓을 들고 쓴 게 바로 제7권입니다. 이게 어찌 사람의 능력으로 얻은 것이라 하겠습니까?

……(중략)……『주역사전』은 내가 하늘의 도움을 얻어 낸 책이다. 절대로 사람의 힘으로 알아내지 못하고 지혜로운 생각만으로 알아낼 수 없는 것이니 이 책에 마음을 푹 기울여 오묘한 뜻을 다 통달할 수 있는 사람은 자손이나 친구들 중에도 천 년에 한 번쯤일 정도로 어려울 것이다. 아끼고 중요하게 여기기를 여타의 책보다 곱절을 더 생각해야 할 것이다.

참으로 사람으로서 하기 어려운 말을 하고 있다. 이제 공부가 사람이 하는 것이 아니요 하늘이 문을 열어 비밀을 보여 주는 것이 되었다. 공부에서 신과 사람이 온전히 하나된 경지가 바로 이것이다. 다산을 능히 '공부의 신' 또는 '공부의 황제'라고 일컬을 만한 일대 사건이다. 그를 정신병자로 몰지 않는 한…….

다산을 생각하면 공부한답시고 까불거리는 우리가 부끄럽기 짝이 없다. 일단 다산처럼 꾸준하게 공부하기도 어려울뿐더러 별 것 아닌 난관에 부딪쳐도 쉽게 포기하는 게 우리 모습이다. 그러니 다산이 도달한 신의 경지를 어찌 감히 바라볼 수 있을까! 그렇다 하더라도 우리는 겸손하게 다산을 본으로 삼아 새로운 시작을 할 수 있다. 사실 다산은 혼자 잘나기를 원치 않았다. 그는 자신의 아들과 친척, 그리고 세상을 사는 모든 사람이 사람답게 사는 길을 공부에서 찾기를 간절히 바랐다. 공부에 그 모든 길이 들어있음을 너무나 잘 알았기 때문이다. 또 누가 알겠는가? 우리도 공부를 열심히 하다 보면 사람답게 사는 길을 찾을 뿐 아니라 다산이 맛본 그 경지를 어렴풋이나마 체험할 수 있을지…….

공부에 관한 한 최고 수준에 오른 다산의 삶은 그가 살았던 조선 사회에서도 충분한 인지와 보상을 받는다. 다산이 염려했던 것과 다르게 500권이 넘는 그의 저술은 세상에 알려졌을 뿐 아니라 그의 생존 당시 당대를 대표하는 학자와 문사들의 칭송을 받았다. 남인이었던 다산과 정치적으로 대립하였던 노론의 대가 김매순(1776~1840)은 다음과 같이 다산을 찬탄하였다.

미묘한 부분을 건드려서 그윽한 진리를 밝혀낸 것은 중국 고대의 명사수 비위가 이를 보고도 적중시킨 것과 같고, 헝클어진 것을 추려 내어 견고히 굳은 것을 찢어 냄은 포정이 쇠고기를 재단해 낸 것과 같도다. 독한 손으로 간사함을 파헤쳐 낸 것은 법가의 대표 상앙이 위수를 다스린 것과 같으며, 피 흘리는 정성으로 올바름을 지키려 했음은 당대의 직신이자 충신이던 변화가 형산에서 울부짖었던 것이로다. 한편으로는 공벽 상성의 어지러움을 올바르게 밝혀낸 공신이지만, 한편으로는 주자를 업신여기는 일을 막아 낸 경신이다. 유림의 대업이 이보다 더 클 수가 없다. 아득하게 먼 천 년 뒤에 온갖 잡초가 우거진 동쪽 오랑캐 나라에서 이처럼 뛰어나고 기이한 일이 일어났다고 말하지 않으랴.

사대주의 냄새가 풍기기는 하지만 이 정도 칭찬이면 가히 학자에게 바칠 수 있는 최고의 찬사라고 해도 부족함이 없다. 다산 스스로 '처음으로 더 살아보고 싶은 생각이 든다.'고 답했을 정도로 이 같은 찬사에 다산도 기쁨을 숨기지 않았다.

다산을 인정한 것은 당시의 학계뿐이 아니다. 다산이 세상을 떠난 74년 후에 조선 왕조는 그에게 문도(文度)라는 시호를 내리고 정헌대부 규장각제학이라는 벼슬을 내렸다. 한때 그를 버렸던 조선이 그의 업적을 인정하여 복권시키고 문신들이 명예롭게 여기는 문(文)이라는 시호를 내려 그를 한껏 드높였다. 공부가 다산의 인생을 역전시키고 그 이름을 길이길이 역사에 남길 수 있게 해 준 셈이다.

다산과 두 아들의 삶

오늘날 대한민국 국민이라면 다산 정약용을 모르는 사람이 없을 정도로 그의 위치는 확고해졌다. 우리 역사를 알고 조금만 지식이 있는 사람이라면 그가 우리 민족이 낳은 최고의 학자이자 시인이라는 사실을 부인하지 않는다. 일부 학자들은 아예 다산을 본격적으로 연구하는 다산학을 평생의 업으로 삼고 있다. 최근 들어 다산에 관한 연구물과 서적들이 수를 헤아리기 어려울 정도로 쏟아져 나오고 있다.

한때 폐족으로 전락한 후 앞이 보이지 않는 캄캄한 어둠 속에서 떨리는 심정으로 아들들을 분발시키려고 한 다산의 말을 생각해 보자.

'너희가 포기하려느냐? 너희 처지가 비록 벼슬길은 막혔어도 성인이 되는 일이야 꺼릴 것이 없지 않느냐, 문장가가 되는 일

이나 지식이 넓어 막힘 없는 선비가 되는 일을 꺼릴 것이 없지 않느냐?'

'너희가 끝끝내 배우지 아니하고 스스로를 포기해 버린다면 내가 해 놓은 저술과 간추려 놓은 것은 누가 모아서 책을 엮고 교정을 하겠느냐? 이 일을 못한다면 내 책들은 더 이상 전해질 수 없을 것이며, 내 책이 후세에 전해지지 않는다면 후세 사람들은 단지 사헌부에 기록된 판결문만 믿고서 나를 평가할 것이 아니냐. 그렇게 되면 나는 어떤 사람으로 취급받겠느냐?

이렇게 아들들에게 공부하라고 호소하던 다산의 말은 그대로 실현되었다. 공부를 통해 다산 스스로 성인이 되고, 문장가가 되고, 막힘없는 선비가 되고, 후세 사람들이 기억하는 영광스러운 사람으로 우뚝 서지 않았는가! 아들들의 입장에서 아버지 다산은 정말 자기 말을 있는 그대로 실천한 살아 있는 모범이었을 것이다.

아버지 다산의 모범을 보며 성장한 두 아들 학연과 학유 역시 큰 문인과 학자로 성장했다. 두 아들은 다산의 저술 작업에 직접 동참하였을 뿐 아니라 그 저술들을 정리하여 보존하고 세상에 널리 알리는 역할을 감당하였다. 큰 아들 학연은 시인으로 큰 명성을 얻고 문필을 날린 것으로 알려져 있다. 다만 현재 전해지는 저술이 적어서 아쉬울 따름이다. 둘째 아들 학유 역시 시대가 알아주는 문인으로 『농가월령가』를 지었다고 한다. 학유가 세상을 떠

났을 때 세상에서 다시 보기 드문 인물을 잃었노라고 안타까워
한 추사 김정희(1786~1856)의 편지는 그의 인물 됨됨이를 잘 나
타내 준다.

두 사람은 비록 아버지 다산이라는 거대한 산에 가려 빛을 발하지는 못했지만 '그 아버지에 그 아들'이라는 표현에 손색이 없는 위대한 삶을 살았다. 오늘을 사는 우리가 본받아야 할 이상적인 아버지와 아들이라 할 수 있다.

다산에게 배우는 모범 보이기의 원리

모범을 보이는 삶이 어떤 것인지 지금까지 다산을 통해서 살펴보았다. 사실 다산을 보면서 기가 조금 꺾이기는 한다. 자녀에게 모범을 보이고는 싶지만 다산처럼 하기란 하늘의 별따기처럼 어려울 거라는 생각이 앞서기 때문이다. 하지만 우리가 꼭 다산과 똑같이 할 필요는 없다. 다산의 공부하는 삶 속에서 모범 보이기의 원리를 찾아 우리 생활에 적용할 수 있으면 그것으로 충분하다. 자, 그럼 자녀에게 모범 보이기를 할 때 어떤 점을 고려해야 할까?

첫째, 모범 보이기를 하려고 하는 행동을 잘 선정해야 한다. 자녀에게 모범을 보이기 전에 먼저 그 행동이 모범 보이기를 할 만한 가치가 충분한지 따져 보아야 한다. 간혹 모든 행동에 모범을 보이려는 부모가 있다. 이는 가능하지도 않고 바람직하지도 않다. 자녀를 자신과 똑같은 사람으로 만들려는 것이 아니라면 일상의 자질구레한 행동은 자녀의 개성에 맡겨 두는 편이 좋다. 다만, 평생을 살아가면서 큰 도움이 될 만한, 그리고 그중에서도 부모 자신이 훌륭한 모범이 될 수 있다고 여기는 가치관이나 행동이 있다면 그것을 모범 보일 대상으로 선정한다. 다산의 경우는 '공부하기'가 그 대상이었지만 '효도하기', '좋은 인간관계 맺기', '일하기', '몸 관리하기', '감정 다스리기', '시간 관리하기', '경제 마인드 키우기' 등등 모범을 보일 만한 것들은 얼마든지 있다.

둘째, 모범 보일 행동이 선정이 되면 자녀들로 하여금 자신도 그 행동을 따라하겠다는 동기를 불러일으켜야 한다. 부모가 아무리 강요해도 자녀들이 관심이 없고 동기화되지 않으면 효과를 보기 어려울 뿐 아니라 괜히 마음만 상한다. 그러니까 아이들이 신나서 따라하겠다는 마음이 생기도록 여러 방면으로 자극하고 유인할 필요가 있다. 이미 본 대로 다산은 아들들의 마음을 공부에 붙들어두기 위해 애원, 협박, 호소, 칭찬, 격려, 질책, 실행 등 다양한 방법을 동원하였다. 단, 아이들의 인격을 침해하거나 부모-자녀 사이의 친밀성을 해칠 우려가 있는 방법은 삼가도록 한다.

셋째, 부모는 모범을 보이려는 행동에 대해 잘 알아야 한다. 그 행동이 어떤 가치가 있는지, 그 행동을 잘 하기 위해 어떤 전략을 써야 할지, 그 행동을 심화해 가는 데 어떤 장애물이 있는지, 그 행동이 삶에 어떤 변화를 가져오는지 등에 대해 잘 이해하고 자녀들에게 설명할 수 있어야 한다. 그리하여 자녀들이 부모가 보이는 모범을 본받으며 따라올 때 구체적인 조언으로 도움을 줄 수 있어야 한다. 그러니까 모범을 보이려면 그에 대해 상당히 체계적인 지식을 갖추도록 노력해야 한다.

넷째, 실제 생활 속에서 꾸준하고 일관성 있게 모범 보이기를 실행해야 한다. 모범 보이기의 가장 큰 효과는 실제 행동에 있다. 옆에서 부모가 직접 행동으로 무엇인가를 열심히 실천에 옮기고 있으면 자녀들 입장에서 무덤덤하게 가만히 있기가 참 어렵다. 그야말로 따라하는 척 시늉이라도 하게 마련이다. 우리가 모범 보이기를 하는 이유가 바로 여기에 있다. 비록 수천 리 떨어졌어도, 온몸이 망가질 정도로 공부에 열중하는 아버지가 있기에 다산의 두 아들은 공부와 멀어질 수가 없었을 것이다. 하물며 한 집에서 함께 생활하며 모범 보이기를 실천하는 부모의 영향력에 있어서야 말할 것도 없다.

참고문헌 │ 김지용(1991). **다산시문선**. 교문사.
　　　　　박석무(2001). **유배지에서 보낸 편지**. 창비.

다산에게 배우는 독서법, 초록법, 저술법

　다산은 독서, 초록, 저술을 병행할 것을 권하면서 동시에 각각을 효과적으로 수행하는 방법에 대해서도 상세히 기술하고 있다. 이를 하나씩 살펴보자.

독서법

앞에서 말한 대로 다산은 건성건성 마구잡이로 독서하는 방법을 경계한다. 한 글자를 읽더라도 그 의미를 분명하게 해독하고 넘어가야 남는 것이 있다는 것이다.

　……(전략)……『자객열전』을 읽을 때 기조취도(旣祖就道: 먼길을 떠날 때 노신에게 제사를 지내고 떠남)라는 구절을 만나 "조(祖)라는 것이 무슨 뜻입니까?" 하고 물으면 선생은 "이별할 때 지내는 제사다."라고 대답할 것이다. "그렇다면 그러한 제사에다 꼭 할아버지 조(祖)자를 쓰는 뜻은 무엇입니까?"라고 다시 묻고, 선생이 "잘 모르겠다."라고 대답하면 집에 돌아와서 사전에서 조(祖: 옛날 황제의 아들 누조가 여행을 좋아하다가 길에서 죽었기 때문에 '조'라는 뜻은 길에다 제사지낸다는 뜻으로 쓰임.)라는 글자의 본뜻을 찾아보고 사전에 있는 것을 근거로 하여 다른 책을 들추어 그 글자를 어떻게 해석하였는가를 고찰해 보고 그 근본 뜻뿐 아니라 지엽적인 뜻도

뽑아 두고서, 통전이나 통지, 통고 등의 책에서 조제(祖祭)의 예를 모아 책을 만들면 없어지지 않을 책이 될 것이다.

'독서백편의자현(讀書百篇意自現)'이라는 말이 있다. 뜻을 모르는 글도 100번 이상 읽으면 그 뜻이 스스로 훤히 드러난다는 말이다. 이 원리에 집착하는 학부모나 교사들은 서슴없이 학생들에게 수십 번 수백 번 읽고 외우기를 강제한다. 필자는 초등학교 2학년 때 아버지에게 매를 맞으며 구구단을 외우느라 죽을 고생을 했다. 하기야 두드려 맞으니까 뜻도 모르던 구구단이 술술 외워지기는 하더라만⋯⋯. 다산의 눈에 이런 학습법은 그야말로 멍텅구리 짓에 지나지 않는다. 무조건 외운다고 자연히 학습이 되지도 않을 뿐더러 학습할 내용에 대한 흥미도 떨어지기 때문이다. 그보다는 차근차근 뿌리를 더듬어 근원을 찾고, 또 거기서 파생된 지식들을 더불어 확보하는 학습이 훨씬 더 현명해 보인다. 이렇게 하면 지식을 얻는 과정 자체에 흥미를 느낄 뿐만 아니라 짧은 시간에 많은 지식을 확보하는 효과도 얻을 수 있다. 공부 도사 다산은 이미 200여 년 전에 주입식 방법보다 훨씬 훌륭한 공부 방법을 제안하고 있다.

초록법

초록이라 함은 책을 읽다가 필요한 부분을 발췌하여 따로 기록하는 작업을 말한다. 다산은 기회가 있을 때마다 아들들에게 초록을 제대로 하고 있는지 묻고 확인하고 다그칠 정도로 그 중요성을 강조하고 있다. 심지어 야사를 읽거나 선배들의 문집을 볼 때에도 반드시 초록을 하라고 한다. 초록은 읽는 책의 내용을 이해하는 중요한 수단일 뿐만 아니라 차후에 이루어질 저술의 기본 자료를 제공하기 때문이다. 그러면 초록은 어떻게 할까?

……(전략)……초록하는 요령은 한 종류의 책을 펴면 그 책 속에 들어 있는 명언이나 선행 중에서 『소학』에는 없지만 『소학』에 넣어도 될 만한 것이 있다면 골라 쓰고, 무릇 경전의 설 가운데서 새로운 것으로 근거가 있는 것은 채록하고……(중략)……초록하는 방법은 반드시 먼저 자기의 뜻을 정해 만들 책의 규모와 편목을 세운 뒤에 남의 책에서 간추려 내야 맥락의 묘미가 있게 된다. 만약 그 규모와 차례 외에도 꼭 뽑아야 할 곳이 있을 때에는 별도로 책을 만들어 좋은 것이 있을 때마다 기록해 넣어야만 힘을 얻을 수 있게 된다. ……(중략)……남의 저서에서 도움이 될 만한 요점을 추려 내어 책을 만들 때에는 우선 자기 자신의 학문에 주견이 뚜렷해야 판단 기준이 마음에 세워져 취사선택하는 일이 용이할 것이다.

초록은 요즘 말로 하면 독서 카드 만드는 법과 비슷하다. 독서 카드를 만들 때 우리는 두 가지 방법을 사용한다. 하나는 비교적 막연한 상태에서 책을 읽어 나가며 쓸 만한 내용을 뽑아 기록하는 방법이고, 또 하나는 뚜렷한 목적을 가지고 그 목적에 부합하는 내용을 뽑아 기록하는 방법이다. 다산은 이 둘 중에서 두 번째 방법을 선호한다. 뚜렷한 목적 의식과 기준을 가지고 초록을 해야 초록한 내용이 바로 저술로 직결될 수 있다고 판단한 듯하다.

저술법

다산에게 초록과 저술은 같은 작업이다. 앞에 초록법에서 본 바대로 책을 지으려는 의도는 독서와 초록을 시작하기 전에 미리 정해지고 초록한 내용은 곧이어 책으로 만들어진다. 책 만드는 일에 아들들을 동참시키기 위하여 다산이 아들들에게 직접 쓴 글을 보자.

……(전략)……이제 한 권의 좋은 책이 될 수 있는 체재를 보내니 이 체재에 의거해 『주자전서』 가운데서 취택하여 책을 만들어 뒷날 인편에 부치면 내가 되었는지 안 되었는지 감정해 보겠다. 책이 다 된 후에는 좋은 종이에 깨끗이 적고, 내가 지은 서문을 앞에 실어 항상 책상 위에 놓아 두고 너희 형제는 아침저녁으로 암송하도록 하여라. 책 이름은 『주서여패』(『주자전서』 가운데 몸에 꼭 지니고 다니면서 외워야 할 중요한 내용만 간추렸다는 의미)라 하도록 하자. 편목은 12조로 하는데 입지, 혁구습, 수방심, 검용의, 독서, 동효우, 거가, 목족, 접인, 처세, 승절검, 원이단으로 하여라. 지금은 너희의 힘이 모자라 많은 책 중에서 널리 채록하기가 힘들 것이니 『주자서』 한 책에서만 골라내 각 편목마다 12조씩 책을 만들어라. 목족과 같은 부분은 편목을 채우기가 힘들면 『사서집주』에서 보태고 그래도 부족하면 『소학』에서 보충하되 그럴 때는 항상 '주자왈' 이라는 세 자를 써 넣어 표시하도록 하라. ……(중략)…… 조마다 6, 7줄이 넘지 않도록 하여라. 더러 색다른 깨우침이 될 빼어난 어구들

이 나올 때는 한 줄이나 한두 구절이라도 좋다.

『주서여패』라는 책은 이렇게 만들어졌다. 독서를 시작하기 전에 저술할 내용의 얼개가 이미 촘촘하게 짜여 있고, 초록은 독서를 해나가면서 미리 예정된 코스를 따라 자연스럽게 이루어진다. 여기서 우리는 독서와 초록과 저술을 유기적으로 연결하는 모습, 그리고 그중에서도 저술을 중심으로 삼는 다산의 독특한 공부법을 확인할 수 있다. 한마디로 저술은 다산 공부법의 핵심이다. 조금 과장하면 다산에게 공부하는 일은 곧 저술하는 일이다.

다산에게 저술은 공부하는 일에 머무르지 않는다. 선비라면 일상에 종사하고 생계를 영위하는 행위에서도 저술을 염두에 두어야 한다. 둘째 아들 학유가 양계를 한다는 소식을 들은 다산은 선비답게 양계를 하는 방법을 친절하게 안내하는데 여기서도 저술을 언급하고 있다.

……(전략)……네가 양계를 한다고 들었는데 양계란 참으로 좋은 일이긴 하다만 이것에도 품위 있는 것과 비천한 것, 깨끗한 것과 더러운 것의 차이가 있다. 농서를 잘 읽어서 좋은 방법을 골라 시험해 보아라. 색깔을 나누어 길러도 보고, 닭이 앉는 홰를 다르게도 만들어 보면서 다른 집 닭보다 살찌고 알을 잘 낳을 수 있도록 길러야 한다. 또 때로는 닭의 정경을 시로 지어 보면서 짐승들의 실태를 파악해 보아야 하느니, 이것이야말로 책을 읽는 사람만이 할 수 있는 양계다. ……(중략)……이미 닭을 기르고 있으니 아무쪼록 앞으로 많은 책 중에서 닭 기르는 법에 관한 이론을 뽑아 내어 차례로 정리하여 『계경』 같은 책

을 하나 만든다면 육우라는 사람의 『다경』(차에 관한 책), 혜풍 유득공의 『연경』(담배에 관한 책)과 같은 좋은 책이 될 것이다. 속사에 종사하면서도 선비의 깨끗한 취미를 갖고 지내려면 언제나 이런 식으로 하면 된다.

그러니까 선비에게 일상생활과 공부 사이에 특별한 경계는 없다. 아니 오히려 일상생활에 공부하는 법을 제대로 적용할 줄 아는 사람이 제대로 된 선비다. 따라서 일상에서 겪는 모든 것이 저술 대상이 될 수 있다. 저술을 통해서 일상 세계의 요체를 잘 이해하고 그 묘미를 제대로 맛볼 수 있는 자라야 선비 대접을 제대로 받을 수 있는 자격이 있다고 하겠다.

필사법, 비평법, 실행법

다산이 아들들에게 권한 공부법은 독서, 초록, 저술에 그치지 않는다. 그가 유배지에서 아들들에게 보낸 편지를 잘 읽어 보면 여기저기서 다양한 공부법을 찾을 수 있다.

필사법은 책을 통째로 베끼는 방법이다. 책에 있는 글자를 하나하나 공들여 베끼는 수고를 하면서 자연스럽게 책의 내용에 접할 수 있게 하는 것이다. 다산은 아들들에게 『주역』 같은 경전은 물론이요 자신이 저술한 책들을 필사하게 했다. 시간과 노동력을 많이 들여야 하는 필사법은 처음 접하는 어려운 글, 오래 깊이 음미해야 할 글, 글쓰기를 익히는 작문법 등을 공부할 때 활용되었던 것 같다.

비평법은 다른 사람의 책을 읽고 비판적인 자세로 의견을 나누는 방법이다. 비평은 책을 이해하는 방법이기도 하지만 동시에 비평하는 이의 안목을 드러낸다는 점에서 공부 정도를 점검할 수 있는 방법이기도 하다. 다산은 『기년아람』, 『일지록』, 『성호사설』, 『시경』, 두보의 시, 한유의 시, 소동파의 시 등 자신이 접한 다양한 서책에 대한 비평을 아들들에게 보여주었고, 아울러 아들들에게도 비평을 시켜서 그 안목을 가늠하려고 하였다. 한번은 아들 중 하나가 다산이 지은 『탐진악부』를 읽고 지나치게 칭찬을 했다가 아버지와 아들 사이에는 칭찬하는 법이 아니라고 엄중하게 꾸중을 들은 바가 있다. 이로 보면 다산은 아들들에게 자신의 글에 대해서도 가차 없는 비평을 바란 것 같다.

실행법은 읽고 이해한 내용을 실제 생활에 적용하는 방법이다. 다산에게 공부의 가치는 실제 생활과 직결되어 있다. 삶에 구체적인 도움을 주지 않고 머리에 머무는 지식은 그저 허무할 따름이다. 따라서 공부하는 사람은 배운 지식이 실제 생활에 그대로 스미고 배어나올 수 있도록 철저하게 익혀야 한다. 다산은 아들들에게 성실을 가르치는 편지에서 '『대학』의 「성의장(誠意章)」과 『중용』의 「성실장(誠實章)」을 벽에다 써 붙이고 ……(중략)…… 성의 공부에 힘쓰라.'고 강권하면서 성의 공부로 들어가는 첫 길목이 거짓말하지 않는 것이라고 힘주어 말했다. 성실이 머릿속 개념으로 머물지 않도록 '성실'과 '거짓말 하지 않음'이라는 실제 행동을 하나로 묶어 놓는 혜안이 돋보인다.

4.
자신의 길을 꾸준히 걸으면
자식의 존경은 자연히 따라온다

자기 세계 구축에 철저했던 백범 김구

사람들의 사랑과 존경을 받을 수 있는 분명한 비결이 하나 있다. 오롯이 자기 세계를 만들고 가꾸어 가는 일이다. 규모와 내용에 상관없이 자기 세계를 창조해 가며 거기에 헌신하는 사람들에게 우리는 특별한 관심을 갖는다. 자기 세계를 구축해 가는 모습 자체가 아름다울 뿐 아니라 그렇게 살아간 그 사람의 삶이 직·간접적으로 우리에게 많은 영향을 끼치기 때문이다.

그런데 이런 사람들은 참 바쁘게 산다. 자신이 추구하는 세계에 몰입하고 헌신하느라 시간을 쪼개 써도 부족하다. 그러다보니 가정에 소홀하고 자녀들에게 인기 없는 부모가 될 가능성이 높다. 위대한 부모나 잘난 부모보다 다정한 부모, 함께하는 부모를 선호하는 요즘 세태에 별로 환영받지 못할 타입이다.

하지만 실망할 필요는 없다. 자녀들이 철없는 어린 시절에는 어떨지 몰라도 조금만 성장하면 부모를 이해하고 존경하기 시작한다. 더구나 부모가 구축한 세계가 개인적으로나 사회적으로 가치 있는 일이라고 인정받을 때 아이들은 가슴에서 우러나는 사랑과 존경을 부모에게 바친다. 필자의 아이들은 어렸을 때 엄마가 교사라는 이유로 자신들과 시간을 많이 보내지 못하는 것에 대하여 불평불만이 많았지만, 어느 정도 자란 지금은 오히려 엄마를 자랑스러워 하고 교직생활을 적극 격려한다. 그러므로 어쩔 수 없는 일이라면 아이들과 많은 시간을 함께할 수 없다는 사실에 죄의식을 느끼지 말자. 다만 자기 세계에 열심히 몰두하되 틈나는 대로 아이들에게 관심을 갖고 애정을 베풀면 충분하다.

이번에 이야기할 백범 김구 선생은 그야말로 철저하게 자기 인생에 몰입하며 살아간 분이다. 독립운동에 바빠 어린 자녀들과 오붓하게 마주앉아 밥상을 대한 적이 없을 만큼 바쁘게 살았다. 그럼에도 불구하고 백범은 영원히 타오르는 영웅으로 자녀들의 가슴 한가운데에 우뚝 서 있다. 백범의 삶을 통해 자기 세계 구축에도 성공하고 자녀에게도 존경받는 길을 찾아보자.

평생을 통해 이룩할 목표를 찾다

백범(1876~1949)은 조선 시대 반역 죄인 김자점(1588~1651)의 후손이다. 역적 집안의 후손이었으니 백범의 어린 시절은 평탄

할 수가 없었다. 백범의 선조들은 김자점의 집안임을 숨기고 멸
문지화를 면하기 위하여 일부러 상놈이 되어 서울에서 멀리 떨
어진 궁벽한 곳에 자리를 잡는다. 종종 호랑이가 사람을 물고 집
앞을 지나가기도 했다니 얼마나 후미진 시골에 살았는지 짐작이
간다. 그곳에서 백범은 고달프고 힘든 유년기를 보낸다. 먹을 것
입을 것이 넉넉지 못했음은 물론이요 천연두를 비롯한 각종 질
병에 시달린다. 하지만 어린 백범의 눈에 이런 육체적 고통보다
상놈이기 때문에 양반들에게 받아야 했던 멸시와 천대가 더 크
게 비친 듯하다.

백범의 어린 시절은 다듬어지지 않은 충동과 욕구로 가득 찬
개구쟁이 바로 그것이었다. 이웃집 아이들에게 몰매를 맞고서
보복을 하겠다고 식칼을 들고 설치던 일, 아버지의 멀쩡한 숟가
락을 분질러 엿을 바꿔먹은 일, 아버지의 돈을 훔쳐 떡을 사 먹
으려고 가는 중에 들켜 얻어맞은 일 등은 여느 개구쟁이 어린이
와 다를 바 없는 행동이다. 이렇게 보잘것없는 집안에서 태어나
개구쟁이로 자라던 백범의 일생에 중대한 전환이 일어난다. 백
범의 글을 직접 인용해 보자.

하루는 집안 어른들이 지난 이야기를 하는 중에 크게 격동을
받았다. 몇 해 전 문중에 새로 혼인한 집이 있는데, 그 집 할아
버지가 서울을 갔던 길에 말꼬리로 만든 갓 하나를 사다가 감
추어 두었다. 그 뒤 사돈을 보려고 밤중에 그 관을 쓰고 갔다가

이웃 동네 양반에게 발각되어 관을 찢기고 나서는 다시는 관을 못 쓴다고 한다. 나는 힘써 물었다. '그 사람들은 어찌하여 양반이 되었고, 우리 집은 어찌하여 상놈이 되었습니까?' '침산에 사는 강 씨도 그 선조는 우리 선조만 못하였으나 한 집안에 진사가 3인씩 생존하지 않았느냐. 오담의 이 진사 집도 그렇다.' 나는 또 물었다. '진사는 어찌하면 되는 건가요?' '진사 급제는 학문을 공부하여 큰 선비가 되면 과거를 보아서 되는 것이니라.' 이 말을 들은 후부터 공부할 마음이 간절하였다.

12세 때의 일이다. 백범은 이때부터 서당에 다니며 글공부에 매달린다. 상놈 신세를 벗어날 길이 글공부에 달렸다고 생각한 까닭이다. 그리하여 열심히 공부하여 과거시험을 치른다. 하지만 과거시험을 치르며 목격했던 관리들의 부패상을 보고, 백범은 과거시험에 건 희망을 미련 없이 털어 버린다. 그러고 나서 접한 것이 관상학인데 이 공부를 하며 백범은 두 번째 중대한 결단을 한다. 석 달 동안이나 문밖에도 나가지 않고 『마의상서』라는 관상 서적을 파고들며 자신의 관상을 관찰하였는데, 아무리 자세히 보아도 부귀를 얻고 높은 인물이 될 상이라는 단서가 한 군데도 없을 뿐 아니라 얼굴과 온몸이 천하고 가난한 흉상으로 가득한 것이었다. 비관에 빠졌던 백범은 책 한구석에서 '얼굴 좋은 것이 몸 좋은 것만 못하고 몸 좋은 것이 마음 좋은 것만 못하다.' 는 글귀를 만나면서 생각을 바꾼다. 관상이 좋은 사람보다 마음이 좋은 사람, 즉 호심인(好心人)이 되자는 결심이다. 종전에 공부를 잘하여 과거를 보고 벼슬을 하여 천함을 떨치겠다는 생각은 순전히 허영이요, 망상이요, 호심인이 취할 바는 아니라고 생각하면서 백범은 평생을 호심인으로 살겠다는 결단을 내린 것이다.

호심인으로 살겠다고 마음을 정하기는 했지만 구체적인 길을 찾지 못해 방황하던 가운데 백범이 접하게 된 것이 동학이다. 상놈된 원한이 골수에 사무친 백범에게 동학에 입도하면 차별대우를 철폐한다는 말, 조선의 운수가 다하여 장래 신국가를 건설한다는 말, 그리고 천주를 몸에 모시고 하늘의 도를 행한다는 말이 아주 달콤하게 들렸을 법하다. 동학에 입도한 백범은 열심히 공부하여 19세에 '애기접주'가 되고 동학혁명(1894)에 가담하였으나 결국 실패로 끝난다.

동학혁명 실패에 실망하고 있던 백범은 안중근(1879~1910)의 아버지 안태훈의 보호를 받으며 스승 고능선(1842?~1922?)을 만나 유학 경전을 깊이 있게 공부한다. 이때 공부했던 많은 내용은 이후 백범이 세상을 살아가며 중대한 고비를 맞을 때마다 아주 중요한 역할을 한다. 호심인이 되겠다는 백범에게 구체적으로 살아가는 방법을 안내해 준 셈이다.

백범의 세 번째 결단

　백범의 삶에서 찾을 수 있는 세 번째 커다란 결단은 그의 나이 39세 신민회 사건(1911)으로 인해 감옥에 갇혀 있을 때 일어난다. 단순한 호심인에 머무는 것이 아니라 나라를 위해 생명을 바쳐 헌신할 무엇인가를 찾은 것이다. 그는 이 결단을 다음과 같이 술회하고 있다.

　결심의 표로 이름을 구(九)라하고 호를 백범(白凡)이라 고쳐 가지고 동지들에게 선포하였다. 구(龜)를 구(九)로 고침은 왜놈이 관리하는 백성들의 호적에서 떨어져 나감이요, 연하(蓮下)를 백범으로 고침은 감옥에서 다년간 연구한 바, 우리나라 하등 사회, 곧 백정(白丁) 범부(凡夫)들이라도 애국심이 지금 나의 정도는 되고야 완전한 독립국민이 되겠다는 원망을 가지자는 것이다. 감옥에 갇혀서 뜰을 쓸 때나 유리창을 닦을 때는 이런 생각을 하며 상제께 기도하였다. ‘어느 때 독립정부를 건설하거든 나는 그 집의 뜰도 쓸고 창호도 잘 닦는 일을 하여 보고 죽게 하여 달라’ 고…….

　백범의 세 번째 결단은 하루아침에 생긴 것이 아니다. 여기에 이르기까지 많은 사건과 경험이 있었다. 그중 백범으로 하여금 자신을 돌아보고 마음을 다잡게 한 사건 두어 개만 살펴보자.

첫째는 백범이 평소 알고 지내던 김효영 선생을 통해 배운 국권 회복을 위한 후배 사랑에 관한 이야기다. 어느 날 김효영 선생은 친구와 함께 바둑을 두고 있었다. 이때 친구되는 노인이 "노형은 팔자가 좋아서 노년에 가산도 풍족하고 자손이 번성하고 또 효순하다."고 말하자 김 선생은 분기탱천하여 바둑판을 들어 문 밖에 버리고 친구를 크게 꾸짖어 왈, "그대의 지금 말은 결코 나를 위하는 말이 아니다. 칠십 노구가 며칠 후 왜놈의 노비 대장에 편입될 나쁜 운명을 가진 놈을 가리켜 팔자 좋은 것이 무엇이냐?"고 고함을 쳤다고 한다. 김 선생의 아들로부터 이 말을 전해들은 백범은 "피눈물이 눈동자에 가득 참을 금치 못하였다. 나는 비록 자기 자손과 같은 연배요, 학식으로나 인품으로나 선생의 사랑을 받을 자격이 없으나 지팡이를 짚고 몇 날에 일차씩은 반드시 문전에 와서 '선생님, 평안하시오?' 하는 말씀을 하고 가신다. 이는 제2세 국민을 교양하는 중대한 임무 자체를 존대하는 지극한 정성에서 나옴일레라. 나에게뿐 아니라 애국자라면 뉘에게든지 뜨거운 동정을 가지는 것을 보았다."

둘째는 자신에게 고문을 가하는 일본인들의 열성을 보고 타산지석의 배움을 얻는 이야기다. "하루는 신문실에 끌려갔다. 처음에 성명부터 신문을 시작하던 놈이 촛불을 켜놓고 밤을 꼬박 넘기는 것과 그놈들이 힘과 정성을 다하여 사무에 충실한 것을 생각하니 부끄러워 어찌할 바를 몰랐다. 내가 평일에 무슨 사무든지 성심껏 보거니 하는 자신도 있었다. 그러나 국가를 구호코자, 즉 나라를 남에게 먹히지 않겠다는 내가, 남의 나라를 한꺼번에 삼키고 또 씹어대는 저 왜구처럼 밤새워 일해 본 적이 있는가 자문하매, 전신이 바늘방석에 누운 듯이 고통스런 중에도 '내가 과연 망국노의 근성이 있는 것 아닌가?' 생각하니 부끄러운 눈물이 눈시울에 가득 찬다."고 하였다.

자, 이제 백범은 무엇을 어떻게 하며 살아갈지 인생의 방향을 확실히 정했다. '백범 김구(白凡 金九)'라는 호칭을 선택함으로써 '천한 백성과 무식한 범부까지도 나만한 애국심을 가진 사람이 되게 하자.'는 삶을 실행에 옮기겠다고 선포한 것이다. 이 결단에 스스로 백정과 범부의 자리에서 독립운동에 생명을 바치겠다는 각오가 포함되어 있음은 더 말할 필요도 없다. 실제로 이 사건 이후 백범은 조국 독립을 위해 목숨을 걸고 온몸을 불살라 갔다.

백범의 독립투쟁사를 보면 정말 한 인간이 이렇게 살 수 있을까 의심할 정도로 자기 신념에 철저했다. 특히 3 · 1 운동(1919)을 계기 삼아 상해로 망명한 이후 그의 삶은 독립운동 그 자체였다. 그중에서도 임시정부를 조직하고 이끌어가는 데 핵심 역할을 담당했던 일, 한국애국단을 조직하여 이봉창, 윤봉길 의사의 거사를 지원하였던 일, 한국군관양성기관을 설립하고 한국독립당을 창당한 사실 등은 역사적으로 잘 알려져 있다. 이렇게 독립운동에 투신한 결과 백범은 임시정부 경무국장, 내무총장, 국무령, 국무위원 등 요직을 두루 거쳐 결국 주석 자리에까지 올라간다. 비록 임시정부이고 온갖 우여곡절이 있기는 했지만 해주에서도 멀리 떨어진 궁벽한 산골에서 자란 상놈 소년이 국가 최고직인 주석의 자리에 오른 것이다! 반상의 위계가 여전히 위세를 떨치던 사회에서 상민 출신이 국가의 주석이 된 것은 백범이 처음이다. 그것도 자원해서가 아니라 다른 사람들이 '떠받들어서' 그 위치에 올랐다.

백범이 이렇게 성장한데는 여러 가지 요인이 복합적으로 작용했다. 하지만 무엇보다도 중요한 것은 자기 존재의 의미를 독립운동에서 찾으려고 한 백범 자신의 결단이라고 할 수 있다. 이 결단은 백범의 생활 전체를 관통하는 일관된 원리로 작용하였고, 결국 백범만이 해낼 수 있는 독특한 세계를 구축하기에 이르렀다.

백범의 가족

백범은 독립운동을 통하여 한 개인이 도달할 수 있는 최고 지점까지 올라간다. 하지만 이렇게 되기까지 얼마나 험하고 힘든 여정이 있었겠는가? 백범 스스로 자신을 '거지 중의 상거지'라고 고백한 적이 있을 정도로 그의 생활은 가난하고 고단했고 매우 바빴다. 먼 이국땅에서 신경을 곤두세운 일본 경찰에게 늘 쫓기며 숨어서 하는 독립운동이 얼마나 어려웠겠는가! 이 힘들고 어려운 시기에 백범의 가족은 어떻게 살았을까?

백범은 29세가 되던 해 최준례와 결혼하여 3녀 2남을 낳는다. 하지만 세 딸은 모두 오래 살지 못했고, 43세 때 낳은 첫 아들 김인(金仁, 1917~1945) 역시 27세를 일기로 세상을 떠난다. 부인인 최준례 여사도 백범이 49세 되던 해, 그러니까 백범과 20여 년의 결혼생활을 끝으로 저 세상을 떠나고 만다. 그 20여 년 동안 백범 가족의 생활은 어떠했을까?

기록에 의하면 백범 부부의 결혼생활 20여 년 중 부부가 함께 거주했던 시간은 신혼 시절 4년, 백범이 인천 감옥에서 출옥하여 농장에서 일하던 4년, 그리고 최준례 여사가 죽기 직전 상해 시절 4년 등 총 12년이다. 이 12년 중에서 가장 행복했던 시기는 상해 시절 마지막 4년이라고 한다. 부인이 맏아들 인을 데리고 상해로 오고, 둘째 아들 신(金信, 1922~   )이 태어나고, 어머니 곽낙원 여사가 상해로 건너와 모처럼 오붓한 가정 생활을 꾸밀 수 있었다. 그러나 둘째 신을 낳은 뒤 산후 조리를 제대로 하지 못한 부인이 폐렴에 걸려 운명하는 바람에 백범 가족의 단란한 모습은 이것으로 마무리되고 만다.

최준례 여사는 18세 때 백범과 결혼하여 사망할 때까지 20년 동안 남편의 옥고와 해외 망명으로 고달픈 생활을 견뎌야 했고, 38세의 젊은 나이에 어린 두 아들과 남편을 타국에 남겨 둔 채 쓸쓸히 눈을 감았다. 한 가정의 아내이자 어머니로서 결코 행복하다고 말하기 어려운 한 많은 인생을 살다 간 것이다.

최준례 여사가 세상을 떠난 뒤 백범 가족은 다시 흩어진다. 어머니 곽낙원 여사는 아들의 독립운동에 방해가 된다는 이유로 둘째 신을 데리고 고국으로 떠났고, 그 이듬해에는 첫째 인까지 데려가서 백범은 홀로 중국에 남아 외로운 망명생활을 이어간다. 중간에 한두 번 가족이 재회하지만 이미 백범의 삶은 가족을 초월하여 저 먼 곳을 향하고 있었다. 행복 이후 백범이 고국으로 돌아올 때 살아남은 백범의 가족은 둘째 아들 신 그리고 첫째 아들의 아내인 안미생과 손녀 효자가 전부였다.

백범의 자녀들에게 아버지는 어떤 사람이었을까? 미루어 짐작컨대 결코 따스하고 포근한 아버지는 아니었을 것이다. 독립이라는 목표를 향하여 강인한 의지로 험한 파고를 헤쳐 가는 아버지의 모습이 위대하고 존경스럽기는 했을지언정 살갑고 다정하지는 않았을 것이다. 둘째 아들 김신 장군이 성인이 되어 '자식으로서 좀 섭섭했다.'고 고백한 말은 아마도 한평생 그의 가슴속에 맴돌던 감상일 수도 있다.

일본이 패망하고 나자 나는 조종사로서의 뜻을 접고 귀국하여 아버지의 일을 돕겠다는 생각을 했었다. 당시만 해도 형이 사망해서 독자가 된 나는 군에 있지 않아도 되었다. 하지만 아버지는 귀국을 거부했다. 하던 일을 완전히 '끝장내고' 돌아오라는 것이었다. 가계를 이어가야 한다는 것은 아무런 의미가 없고, 조종사는 독립 후에도 꼭 필요한 인적 자원이라는 이유에서였다. 사실, 자식으로서 좀 섭섭했다(월간공군, 2006년 8월).

우리 역사가 자랑하는 위대한 독립투사 백범 뒤에는 이렇게 애틋한 가족의 아픔이 숨어 있다. 하지만 오해는 말자. 백범은 결코 가족을 백안시한 사람이 아니다. 『백범일지』를 쓴 동기가 바로 아들들에게 자신이 살아온 행적을 알리려고 함이다. 백범 자신은 유서 대신 쓴 것이라고 말하지만 『백범일지』는 '자식들에게 주는 사랑의 고백'이라고 해도 틀리지 않는다. 자식 사랑하는 마음을 백범 식으로 에둘러 표현한 것이리라.

독립투사로서의 삶

70세에 고국으로 돌아온 백범은 독립운동의 끈을 놓치지 않고 계속 이어간다. 밖으로는 일본으로부터 독립을 이룬 것 같으나 신탁통치가 거론되고 남한만의 단독정부 수립이 논의되는 상황은 진정한 독립과 거리가 멀다고 생각한 까닭이다. 그리하여 백범은 저 유명한 『나의 소원』을 발표한다.

네 소원이 무엇이냐 하고 하느님이 물으시면 나는 서슴지 않고, '내 소원은 대한 독립이요.' 하고 대답할 것이다. 그다음 소원은 무엇이냐 하면 나는 또, '우리나라의 독립이요.' 할 것이요, 또 그다음 소원은 무엇이냐 하는 셋째 번 물음에도 나는 더욱 소리 높여서, '나의 소원은 우리나라 대한의 완전한 자주 독립이요.' 하고 대답할 것이다.

동포 여러분! 나 김구의 소원은 이것 하나밖에는 없다. 내 과거의 70 평생을 이 소원을 위하여 살아왔고, 현재에도 이 소원 때문에 살고 있고, 미래에도 나는 이 소원을 달하려고 살 것이다.

독립이 없는 백성으로 70 평생에 설움과 부끄러움과 애탐을 받은 나에게는 세상에 가장 좋은 것이 완전한 자주 독립한 나라의 백성으로 살아보다가 죽는 일이다. 나는 일찍이 우리 정부의 문지기가 되기를 원하였거니와 그것은 우리나라가 독립국만 되면 나는 그 나라에 가장 미천한 자가 되어도 좋다는 뜻이다. 왜 그런고 하면, 독립한 제 나라의 빈천이 남의 밑에 사는 부귀보다 기쁘고 영광스럽고 희망이 많기 때문이다……(후략)."

백범에게 완전한 독립은 민족이 내리는 지상 명령이었다. 외국의 간섭이 없고 분열 없는 자주 독립을 쟁취하는 일은 민족이 우리에게 순종하라고 강요하는 지상 명령이다. 지상 명령은 이런저런 이유를 대면서 피할 수 있는 것이 아니다. 무슨 일이 있더라도 지상 명령을 따라 실행에 옮기는 것만이 올바른 길이다. 그리하여 백범은 현실과 타협하지 않고 민족의 완전한 독립을 향하여

한 걸음 한 걸음 멈추지 않고 앞으로 나아갔다. 1949년 6월 26일 암살자의 총구에서 나온 총알은 백범의 생명을 앗아갔다. 마치 그가 없으면 독립을 향한 민족의 지상 명령을 없앨 수 있다는 듯이. 하지만 백범은 우리 곁을 떠나지 않았다. 이제 백범은 독립운동이요, 독립운동은 백범이 되었다. 백범 암살은 오히려 백범의 정신을 부활시켜 그를 독립운동의 화신으로 승격시켰다. 백범, 그는 자신이 살아생전 추구하던 이상 바로 그것이 되었다.

아버지 백범

백범이 두 아들의 성장 과정에 구체적으로 기여한 흔적은 찾기 힘들다. 아니 찾기 힘들다는 말보다 '없다' 는 말이 더 정확하다. 이역만리 따로 떨어져 산데다가 독립운동으로 백범이 워낙 바빴기 때문이다. 그러니 아들들이 아버지에 대해 섭섭한 마음을 가질 만도 하다. 아버지를 처음 보았던 것이 17세 때요, 어느 날 저녁 집에 잠시 들린 아버지를 보면서 무섭게 생겼다고 생각했으며, 25세가 되어서야 처음 아버지와 맞상을 하고 밥을 먹어 보게 되었다는 둘째 아들 김신 장군의 회고로 보아 부모-자식 사이가 어떠했을지 대충 짐작이 간다.

하지만 아들들이 장성한 후 아버지를 대하는 태도는 존경과 사랑으로 뒤바뀐다. 아버지의 삶에 깊이 공감하며 아버지와 똑

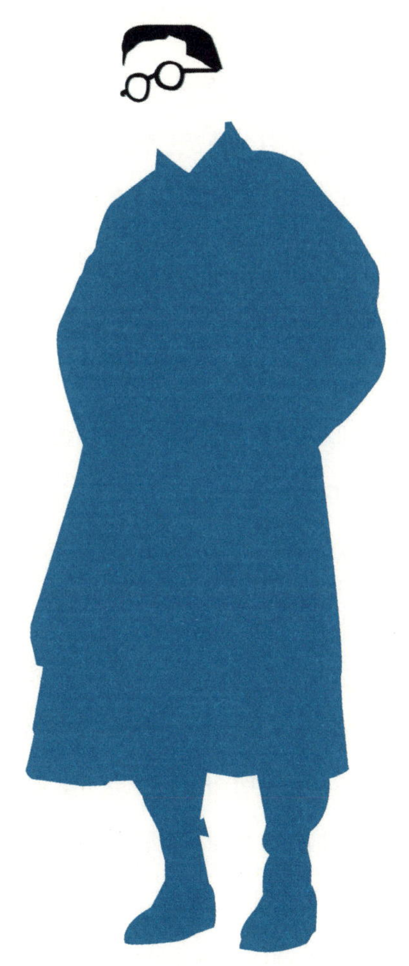

같이 독립운동에 몸을 던진 것이다. 첫째 아들 김인은 18세에 독립군 특무대 예비군 훈련소 감독관을 역임하였고, 21세에는 한국광복진선청년공작대 소속으로 일본군 점령지인 상해에서 일본군을 섬멸하기 위한 정보수집 활동을 벌였다.

김인은 독립운동을 하다가 안중근 의사의 조카인 안미생과 연애결혼을 하는데 안미생 역시 백범의 비서로 활동하며 독립운동에 동참하였다. 둘째 아들 김신은 일본에 무력으로 대항하기 위하여 중국 공군에 입대하여 미국에서 훈련받고 공군비행사가 되었으며, 1948년 북에서 열린 '남북연석회의'에 아버지 백범을 모시고 평양에 다녀오기도 했다. 아버지가 일군 독립운동을 아들들 역시 한 치의 오차도 없이 그대로 계승해 나아갔다. 아버지 그리고 아버지의 삶에 대한 감동과 사랑과 존경이 없다면 결코 가능하지 않았을 일이다.

큰아들 김인은 고향으로 돌아오지 못하고 28세라는 꽃다운 나이에 폐병으로 죽음을 맞이한다. 둘째 김신은 한국 공군에 입대하여 군생활을 하였고 교통부 장관, 공군참모총장, 국회의원을 거치며 평생 국가 발전에 이바지하였다. 특히 김신은 백범기념관 운영에 깊이 관여하며 백범의 독립정신을 후세에 알리는 일을 계속하고 있다. 그의 아들 그러니까 백범의 손자 김양은 주상해 대한민국총영사로 임명되어 백범 집안 4대가 상해에 머물게 되는 진기록을 남기기도 했다. 할아버지 백범의 삶은 오늘도 손자, 증손자들에게 이어지고 있다.

시대의 거인 백범에게 배우는 부모의 마음가짐

지금까지 백범을 예로 들어 자기 세계를 구축해 가는 삶을 살펴보았다. 역시 백범은 대단한 일을 해낸 시대의 거인이다. 그 삶을 더듬다보니 절로 고개가 숙여진다. 백범의 삶을 본받아 자기 세계를 구축하는 길과 좋은 부모로 남을 수 있는 길을 아울러 생각해 보자.

첫째, 자신이 정말 하고 싶은 일이 무엇인지 분명히 파악하자. 무엇인가에 몰입해서 자신만의 독특한 세계를 창조하려면 그 일이 정말 자신이 좋아하거나 절절한 일이어야 한다. 창조는 항상 열정과 헌신을 요구하는데, 열정과 헌신은 자신이 좋아하는 일을 할 때 쏟아진다. 그러므로 그 일이 정말 자기를 즐겁게 하는지, 그 일을 통해 삶의 가치와 보람을 절절하게 느낄 수 있는지 잘 따져봐야 한다.

둘째, 규모와 사회적 시선을 너무 의식하지 말자. 자기 세계란 자신에게서 비롯되는 새로운 세계다. 따라서 그 가치를 판단하는 잣대 역시 자신이어야 한다. 아무리 하찮고 다른 사람 눈에 시시해 보여도 그 활동을 통해 자아를 실현하고 삶의 보람과 만족을 누릴 수 있다면 충분하다. 백범은 독립운동이라는 거창한 주제를 택했지만 우리는 얼마든지 다양한 주제를 찾아 자기 세계를 발전시킬 수 있다. 얼마 전 TV에서 '종이접기'로 일가를 이룬 할머니를 본 적이 있다. 어디 종이접기뿐인가? 하다못해 줄넘기나 가위치기에도 나름대로 일가를 이룬 대가들이 있기 마련이다. 너무 좋아서 그 일에 온몸과 마음을 쏟아부은 결과 이웃과 공동체에게도 도움을 줄 수 있게 된다면 더 바랄 것이 없다.

셋째, 꾸준한 자기 성찰을 하자. 자기 성찰이 없으면 발전이 없다. 독립운동을 지상 명령으로 받들고 살아간 백범의 삶은 자기 성찰로 가득하다. 그는 사건이 있을 때마다 자신을 되돌아보며 성찰에 성찰을 거듭했다. 백범의 삶을 향상시킨 모든 결단은 이같이 끊임없는 자기 성찰의 결과다. 같은 종이접기를 해도 매번 똑같은 동작만 반복하는 사람은 발전이 없다. 종이접기를 하면서 여러 가지 다양한 동작을 시도해 보고 부단히 실험하며 새로운 모색을 할 줄 알아야 발전이 있다. 세상사 모든 일이 마찬가지다. 따라서 매너리즘에 빠져 기계처럼 살지 말고 진지하게 성찰하는 자세로 자기 세계를 갈고 닦는 습관을 갖자.

넷째, 자기 세계를 구축하는 일과 좋은 부모가 되는 일은 서로 모순되는 일이 아니다. 한 분야에 일가를 이루면서 훌륭한 부모로 남는 일은 얼마든지 가능하다. 백범처럼 물리적으로 떨어져 살지 않는 이상 조금만 신경을 쓰면 자녀들에게 충분한 관심과 애정을 베풀 여지가 많다. 바쁜 틈틈이 자녀들을 위해 시간을 내는 것은 결코 낭비가 아니다. 문제는 상황 자체가 아이들과 함께

하기 어려울 때다. 자녀들과 먼 곳에 떨어져 살거나 이런저런 이유로 가족이 함께 살기 힘들거나 아이들과 시간 사이클이 맞지 않아 얼굴 대하기가 힘들 때가 그런 경우다. 이런 경우에도 포기하지 말고 자녀들에게 애정을 표현하는 방법을 찾도록 한다. 자주 전화를 한다든지, 문자나 쪽지를 보낸다든지, 편지를 남긴다든지, 백범처럼 일지를 기록하여 전한다든지 어떤 방식으로든 소통할 수 있는 창구를 만들어 둔다.

다섯째, 자신이 몰입하고 있는 세계로 자녀들을 초대하자. 부모가 무엇엔가 열중하고 있으면 자녀들은 몹시 궁금해진다. 도대체 무엇에 빠져서 저렇게 바쁘게 열심히 사시는지 알고 싶어 한다. 자녀들이 이런 호기심을 보일 때 어리다고 무시하지 말고 아이들 수준에 맞게 자신이 하는 일과 추구하는 세계에 대해 정성껏 설명해 주라. 가능하다면 부모가 어떤 세계에 빠져있는지 자녀에게 보여 주거나 그 세계에 아이들을 동참시킬 수도 있다. 부모가 이런 태도를 보이면 아이들은 부모에 대해 깊은 신뢰감을 갖게 된다. 설사 부모가 자녀들과 함께하는 시간이 많지 않고 늘 바쁘게 살아서 불평불만이 있을지언정 부모를 사랑하고 존경하는 마음은 흔들리지 않을 것이다.

참고문헌 | 김학민, 이병갑 주해(1997). **정본 백범일지.** 학민사.
김상웅(2004). **백범 김구 평전.** 시대의창.
백범김구선생전집편찬위원회(1999). **백범김구전집.** 대한매일신보사.

5.
머리보다 가슴으로 먼저
아이들에게 다가가자

자기 감정에 솔직한 아버지 이순신

사람들이 매력을 느끼는 이유는 아주 다양하다. 살아온 배경도 다르고 충족하고픈 욕구도 다르기 때문이다. 그중에 너무나 '인간적이어서' 우리의 관심을 끄는 사람들이 있다. 여기서 '인간적'이라는 말은 '따지거나 계산하지 않는' '정이 많은' '따뜻하고 푸근한' '솔직한' '꾸밈없는' '남을 배려할 줄 아는' 등의 형용사로 표현되는 특성을 뜻한다. 그러니까 머리(이성)보다는 가슴(감성)으로 사람을 대할 줄 아는 사람을 우리는 인간적이라고 부른다.

혈연으로 연결된 가족은 다른 어떤 집단보다도 '인간적인' 관계로 얽혀 있다. 다시 말하면 가족은 가슴으로 이어진 감정 공동체다. 가족 사이에 친밀감이 가장 높은 이유가 바로 이것이다. 그래서 가족관계를 가슴이 아니라 머리로, 감성이 아니라 이성으로 쌓아 가려고 하면 문제가 생긴다. 가족 사이에 이성을 앞세우면 가족이라는 용어로 묶여 있기는 하지만 무언가 깊은 곳에서 소통이 막혀 있다는 느낌, 그래서 애정과 사랑이 서로 통하지 않는다는 느낌을 받게 된다. 건강한 가족도 상황에 따라 차가운 이성을 사용할 때가 있지만 그 밑에는 용광로보다 더 뜨거운 감성이 펄펄 끓고 있다. 그들에게는 풍부한 감성이 필수 요소다. 그렇다면 풍부한 감성을 바탕으로 친밀감이 넘치는 가정을 꾸려 가려면 어떻게 해야 할까? 우리 역사에 길이 빛나는 한 분의 삶을 더듬으면서 길을 찾아보자.

영웅이기 이전에 한 인간이었던 이순신

'놀라고 염려됨을 이길 길 없다.'

'홀로 빈 정자에 앉았으니, 온갖 생각이 가슴에 치밀어 마음이 어지러웠다. 어찌 다 말할 수 있으랴. 정신이 아득하여 술 취한 듯, 멍청한 것도 같고 미친 것 같기도 하다.'

'근심이 뱃속에 있으니 어찌 조금인들 편안하랴.'

'천지에 나 같은 사정이 또 어디 있으랴! 일찍 죽느니만 못하다.'

'지짐 굽듯 말할 수 없이 답답하다.'

'아침저녁으로 그립고 설운 마음에 눈물이 엉기어 피가 되건

마는 아득한 저 하늘은 어째서 내 사정을 살펴주지 못하는고!'

　'허튼 소리가 많으니 가소롭다.'

　'같잖은 웃음이 나온다.'

　'하늘에까지 미친 분함과 부끄러움이 더욱 절실하다.'

　'몹시 가증스럽고 한탄스러움이 그지없다.'

　'그 음흉함을 이를 길이 없다.'

　'화가 나 쓸개가 찢어지는 것 같다.'

　감정 상태를 참으로 꾸밈없이 섬세하고 적나라하게 드러내는 어구들이다. 무엇인가를 근심하는 마음, 불안한 마음, 그리워하는 마음, 원망하고 화내는 마음이 숨김없이 아주 잘 그려져 있다. 사람이라면 누구나 느낄 법한 감정을 이렇게 솔직하게 시적으로 잘 표현한 사람이 누군지 궁금해진다. 시인이 아니라면 아마도 무척이나 인간적인 사람일 것이다.

　앞의 문구들은 이순신(1545~1598)의 『난중일기』에 나오는 내용들이다. 『난중일기』에는 이순신의 마음을 드러내는 감정 용어들이 수없이 등장한다. 전쟁 중 쓰인 일기라서 긍정적인 감정보다는 부정적이 감정 용어들이 대다수를 차지하고 있는데, 이들을 통해서 우리는 이순신의 인간적 고뇌와 아픔과 소망을 절절하게 느낄 수 있다. 그러면서 우리는 전쟁을 승리로 이끄는 차가운 무장이 아니라 사건 하나하나에 웃고 울고 화를 내는 따뜻한 인간을 만나게 된다. 이순신은 우리 민족을 재난에서 구한 영원한 민족의 영웅이지만, 동시에 따뜻한 가슴을 가지고 자기 시대를 살아간 아들이요, 아버지요, 남편이요, 친구였다.

'이순신' 하면 떠오르는 이미지가 있다. 한 치 흔들림 없는 불굴의 의지로 겨레와 민족의 운명을 지키는 수호신이 바로 그것이다. 서울 광화문 앞에 우뚝 서 있는 이순신의 동상은 민족의 수호신이라는 이미지에 잘 들어맞는다. 오죽하면 단순한 영웅을 뛰어넘어 성스러움까지 부여한 '성웅(聖雄)'이라고 호칭한 사람까지 있을까!

이순신에 대해 알려진 많은 일화는 이런 이미지를 심어 주는 데 기여한다. 수천만 명이 걸터앉아 놀고 있던 나무가 쓰러질 때 이순신이 불쑥 나타나 쓰러지는 나무를 버팅겨 바로 세우는 꿈을 꾼 친구의 이야기, 어릴 때부터 병정놀이를 즐겼고 놀 때마다 동네 아이들을 통솔하는 대장 역할을 하였다는 이야기, 28세에 무과 시험을 치르다가 낙마하여 다리가 부러졌으나, 옆에 있던 버드나무 가지를 꺾어 그 껍질로 다리를 감아 매고 곧바로 말을 잡아타고 다시 달렸다는 이야기, 초급 장교 시절 부당한 인사를 시행하려던 상관과 맞서 자기 뜻을 관철시켰다는 이야기, 율곡을 만나 보라는 유성룡의 말에, '같은 덕수 이 씨 문중에 속하는 율곡이 병조판서 자리에 있는 동안 만나 본다는 것은 옳지 않은 일'이라고 하며 끝내 만나지 않았다는 이야기들은 이순신이 처음부터 보통 사람과 다르게 살도록 운명 지어진 특별한 사람이라는 인식을 심어 주기에 충분하다. 게다가 왜적을 상대로 40번이 넘게 벌인 전투에서 한 번도 패하지 않고 전승했다는 기록도 이순신을 신격화하는 데 일조했다.

물론 이순신이 정말 사람으로서 할 수 없는 어려운 일을 해낸 훌륭한 장수임에는 틀림없다. 전투 결과가 말해 주는 그의 능력은 온 나라의 장군들이 세계 제1의 명장으로 인정하기에 조금도 부족함이 없다. 그뿐 아니라 그가 살아온 청렴결백한 삶, 불의와 타협하지 않는 삶, 나라와 겨레를 위해 충성을 다하고 목숨을 바친 삶은 영원히 우리가 배워야 할 귀감으로 손색이 없다. 우리 역사에 이런 분이 있다는 사실이 자랑스럽다.

하지만 이순신에게 이렇게 신격화된 공적인 측면만 있지는 않다. 『난중일기』에서 보듯 이순신은 너무나 인간적이다. 대낮같은 달빛에 잠 못 들고, 비단결 같은 물결에 그리움을 일으키며, 세찬 바람소리에 근심하고, 동료 장수의 언짢은 소리에 비웃고 성을 내는 지극히 예민하면서도 평범한 사람이다. 홍이 오르면 피리와 휘파람을 불었고, 한가한 시간이면 부하들과 장기와 바둑을 두었으며, 친지들과 이야기하느라 밤을 새우기도 하고, 등산도 하고, 시도 짓고, 다음날 근무가 어려울 정도로 술에 취하기도 했다. 어디 그뿐인가? 이순신은 진중에서 여자와 잠을 자기도 했고, 불안한 마음을 달래기 위하여 수시로 점을 치기도 했으며, 꿈 해몽하는 일에 신경을 곤두세우기도 했다. 한번은 꿈에 이순신의 첩이 아들을 낳았는데 달수를 따져보니 낳을 달이 아니어서 내쫓았다는 기록도 있다. 이순신은 우리가 상상하는 것보다 훨씬 인간적인 사람임을 알 수 있다.

이순신의 인간적인 면모는 숨겨야 할 단점이 아니다. 바로 이 꾸밈없는 인간성과 이를 솔직하게 드러낼 수 있는 자세가 이순신을 그답게 만든 원동력이다. 사적인 공간에서 마음껏 자신의 감정을 인정하고 이를 가식 없이 있는 그대로 표출함으로써 얻을 수 있었던 원초적 힘이 바로 공적 공간에서 그토록 당당하고 여유 있게 매사에 대응할 수 있었던 동력을 제공한 것이다. 만일 이순신에게 이 사사로운 측면이 없었다면 공적인 장면에서 그가 성취한 위대한 업적도 없었을지 모른다. 따라서 우리는 이순신의 양면을 모두 볼 줄 알아야 한다.

인간 이순신은 초인간적인 속성을 갖추었을 뿐 아니라 인간적인 속성 역시 갖추고 있다. 그중 어느 한 면을 지나치게 부각시킴으로써 그를 왜곡하는 것은 사실과 어긋날뿐더러 이순신의 삶을 제대로 평가하는 것도 아니다. 이순신이 처음부터 우리와 다른 존재였다면 우리는 그의 삶에 감동을 받지 못한다. 마치 신화에 나오는 주인공을 대하듯 우리와 상관없는 옛날 이야깃거리로 대할 것이기 때문이다. 우리가 그에게 열광하는 이유는, 그가 우리와 똑같은 존재이면서도 온갖 난관을 헤치고 그렇게 위대한 일을 해냈다는 데 있다. 우리와 특별히 다를 것 없는 비슷한 인간이라는 점, 그래서 그가 해낸 일을 우리도 해낼 수 있다는 가능성이 엿보이기에 우리는 이순신의 삶에 열광한다. 그러므로 이순신의 인간적인 면모를 드러내는 일은, 그의 원래 모습을 균

형 있게 복원하는 일일 뿐만 아니라 그의 삶을 오늘 우리의 삶
속에 되살리는 창조적 작업으로서 가치가 있다.

가족에 대한 인간적인 모습

앞에서 이순신이 매우 인간적임을 언급했다. 그런데 그의 인
간적인 모습은 특히 가족을 대할 때 잘 드러난다. 먼저, 어머니
에 대한 태도를 살펴보자.

『난중일기』에는 이순신이 어머니의 안부를 묻고 확인하고 안
심하는 날이 아주 많다. 필자가 헤아려 본 횟수로는 무려 93회에
달한다. 이순신의 어머니 변 씨는 임진왜란이 시작된 해에 이미
80세에 가까운 노령이었다. 그 시대에는 참으로 오래 살아 장수
한 셈인데도 어머니의 건강을 걱정하고 챙기는 그의 노력은 눈
물겹다.

적을 토벌하는 일 때문에 어머니 생신날에 축수의 잔을 올리
지 못해 평생 한이 되었다고 후회하고, 아침에 흰머리카락 여남
은 올을 뽑았는데 늙으신 어머니가 계시니 이러면 안 된다고 경
계하고, 기력이 약해 숨을 깔딱거리는 어머니 모습에 눈물짓고,
병드신 어머니를 생각하며 뜬눈으로 밤을 새우고, 엿새 동안이
나 어머니 안부를 모른다고 속 태우고, 어머니가 입맛이 없고 식
사량이 전보다 줄어들었다고 눈물짓는다. 그러다가 어머니를

만나면 눈물을 머금고 서로 붙들고 밤새도록 기쁘게 해 드리면서 마음을 풀어 드리고, 곁에서 모시고 식사를 거들고, 종일토록 어머니를 즐겁게 모셨다.

어머니가 돌아가신 날, 그러니까 아들을 만나러 오는 배 안에서 어머니가 세상을 떠날 때 이순신은 취한 듯 미친 듯 불안한 마음으로 눈물이 흐르는 줄도 모르면서 어머니를 깊이 생각하였다. 그러다가 어머니의 부고를 듣는 순간 이순신은 뛰쳐나가 가슴을 치며 발을 동동 구른다. 어머니가 세상을 떠난 후에도 이순신은 종종 어머니를 그리워하며 슬피 울면서 밤늦도록 잠을 자지 못하곤 했다. 이렇게 이순신의 어머니 사랑은 무조건적이다.

이제 자식에 대한 태도로 눈을 돌려보자. 이순신은 정실부인에게서 3남 1녀 그리고 첩들에게서 2남 2녀를 낳는다. 그중 첫째 아들 회와 열은 아버지가 근무하는 진영에 자주 드나들며 한산도 해전을 비롯한 많은 해전에 참여하며 공을 세운다. 셋째 면은 어린 나이었음에도 아버지에게 드나들며 무술을 배웠으며, 사망하기 직전에는 고향인 아산에 남아 식솔들을 보호하는 역할을 담당한 듯하다. 서자 훈은 이괄의 난 중에, 신은 정묘호란 중에 전사했다는 기록으로 보아 이들 역시 아버지를 따라 군인의 길을 걸었음을 알 수 있다.

이순신의 자식 사랑은 셋째 아들 면과의 관계에서 잘 드러난다. 면은 다섯 아들 중에서도 담력과 총기가 출중하여 이순신의 특별한 사랑을 받았다. 『난중일기』에 면에 대한 이야기는 병으로 시작된다. 이순신의 아내는 면이 더위를 먹어 심하게 앓는다는 편지를 보낸다. 이 편지를 받은 이순신은 괴롭고 답답하며 몹시 걱정된다고 일기에 쓰고 있다. 면의 병세가 악화되어 중태에 빠져 피를 흘린다는 말을 전해 듣고서는 아들 열과 여러 사람을 함께 보내 살피게 한다. 그래도 마음이 놓이지 않은 이순신은 면의 병세가 어떻게 될지 점을 쳐 보고 좋은 괘가 나왔다며 마음을 놓는다. 차차 면의 병에 차도가 있다는 소식을 접하면서 기쁘기 그지없다는 소회를 기록한다. 이렇게 사랑했던 아들 면이 어느 날 불현듯 꿈에 나타난다. 그리고 다음 날 저녁 아들의 죽음을 전해 듣는다.

밤 두 시쯤 꿈에, 내가 말을 타고 언덕 위로 가는데, 말이 발을 헛디디어 냇물 가운데로 떨어졌으나, 쓰러지지는 않고, 막내아들 면이 끌어안고 있는 것 같은 형상이었는데 깨었다. 이것은 무슨 징조인지 모르겠다. ……(중략)…… 저녁에 어떤 사람이 천안에서 와서 집안 편지를 전했다. 봉한 것을 뜯기도 전에 뼈와 살이 먼저 떨리고 정신이 아찔하고 어지러웠다. 대충 겉봉을 뜯고 열의 편지를 보니, 겉에 통곡 두 글자가 씌어 있어 면이 전사했음을 짐작했다. 어느새 간담이 떨어져 목 놓아 통곡, 통곡하였다. 하늘이 어찌 이다지도 인자하지 못한고! 간담이 타고 찢어지는 것 같다. 내가 죽고 네가 사는 것이 이치가 마땅하거늘, 네가 죽고 내가 사니, 이런 어그러진 이치가 어디 있는가! 천지가 캄캄하고 해조차 빛이 변했구나. 슬프다, 내 아들아! 나를 버리고 어디로 갔느냐? 남달리 영특하여 하늘이 이 세상에 머물러 두지 않은 것이냐? 내 지은 죄가 네 몸에 미친 것이냐? 내 이제 세상에 살아 있어본들 앞으로 누구에게 의지할꼬! 너를 따라 같이 죽어 지하에서 같이 지내고 같이 울고 싶건마는 네 형, 네 누이, 네 어머니가 의지할 곳이 없으니, 아직은 참으며 연명이야 한다마는 마음은 죽고 형상만 남아 있어 울부짖을 따름이다. 울부짖을 따름이다. 하룻밤 지내기가 일년 같구나.

아들을 잃은 이순신의 비통한 심정이 절절하게 와 닿는다. 이후 이순신은 달포가 지난 후에도 죽은 아들을 생각하며 애달픈 마음에 눈물을 흘리고 통곡을 한다. 면의 죽음이 이순신에게 심리적으로 커다란 충격을 주었음을 알게 하는 대목이다. 하지만 이 두 부자의 관계는 여기가 끝이 아니다. 이순신의 『행장』에 기록된 내용을 인용해 보자.

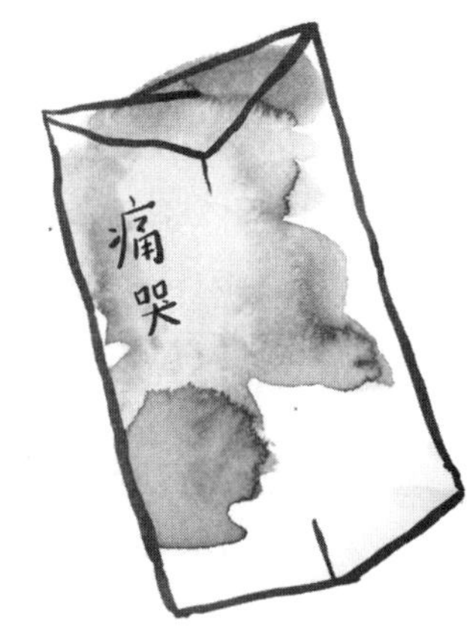
痛哭

뒤에 이순신이 고금도에 있을 때에, 꿈에 면이 와서 울며 '나를 죽인 왜적이 사로잡혔으니, 원수를 갚아달라.'고 하였다. 이순신이 깨어 군중에 물어본즉 과연 새로 잡혀 온 적이 있는지라. 적이 행동해 온 전말을 물어보게 했더니, 과연 면을 죽인 놈이 분명하므로 쫓아가서 죽였다.

비록 꿈을 통해서지만 죽은 아들과 산 아버지가 이 정도 교감을 할 정도엿으니, 두 사람이 평소에 쌓아놓은 정과 사랑이 얼마나 깊었을지 가히 상상이 간다. 이순신이 어머니에게 보낸 사랑이 무조건적이었던 것처럼 자식과 주고받은 사랑에도 측량할 수 없는 무게가 느껴진다.

『난중일기』에 횟수는 적지만 아내에 대한 이야기도 등장한다. 아내에 대한 이야기 역시 병이 주제다. 아들 열을 통해 아내가 병이 들어 위독하다는 소식을 들은 이순신은 아들 회를 보내고 몹시 걱정을 한다. 하지만 군대에 매어있는 몸이라 직접 가서 챙겨 주지 못하는 안타까운 심정을 숨김없이 토로한다.

아내의 병이 몹시 위독하다고 했다. 벌써 죽고 사는 것이 결딴이 났는지 모르겠다. 나랏일이 이 지경에 이르렀으니, 다른 일은 생각이 미칠 수 없다. 그러나 아들 셋, 딸 하나가 어떻게 살아갈꼬! 쓰리고 아프구나.

이렇게 쓰리고 아픈 마음을 달래기 위해 이순신이 할 수 있는 일은 점을 쳐보는 일뿐이다. 그래서 이른 아침 손을 씻고 고요하게 앉아 아내의 병세를 점쳐 본다. 처음에는 중이 환속하는 점괘가, 두 번째는 의심이 기쁨을 얻는 것과 같다는 점괘가 나왔다. 아주 좋은 점괘들이다. 하지만 이것으로도 마음이 놓이지 않아 앞으로 아내의 병세가 어떻게 달라질지 다시 점을 쳐본다. 이번에는 귀양 땅에서 친척을 만났다는 점괘가 나왔다. 그제야 오늘 중 좋은 소식을 들을 거라고 안심하며 점치기를 멈춘다.

아내에 대한 사랑 표현은 어머니나 아들에 대한 사랑 표현에 비해 상당히 절제되어 있다. 하지만 행간의 의미를 잘 음미하면 역시 그윽한 애정을 느낄 수가 있다. 보통 점은 두 번 이상 치지 않는다. 앞뒤 점괘가 다르게 나오면 점의 신뢰성이 의심받기 때문이다. 그럼에도 불구하고 이순신은 세 번에 걸쳐 거듭 점을 치고 있다. 첫 번째 점괘가 좋게 나왔는데도 계속 점을 친 행동을 어떻게 해석해야 할까? 물론 점괘에 대한 확신을 더하기 위해 취한 행동이었겠지만 이순신의 마음속에 아내가 차지하는 비중의 크기를 짐작케 한다. 점 한 번으로는 아내를 향한 이순신의 안타까운 마음이 속 시원하게 풀릴 수 없었던 모양이다. 시대가 시대여서 그런지 아내에게 노골적으로 사랑을 표현하지는 않았지만 이렇게 에둘러 속마음을 내보인 것이리라.

공사 간의 갈등을 슬기롭게 극복하다

여기서 한 가지 궁금증이 일어난다. 아내의 경우 병세가 위독하다는 소식을 들었음에도 불구하고 이순신은 진중에서 꿈쩍하지 않는다. 마음이야 아내 곁에 가있었겠지만 나랏일이 급한 지라 움직이지 않은 것이다. 그렇다면 공적인 업무는 항상 사적인 사정에 앞서야 하는가? 이순신은 매사를 그렇게 처리했을까? 이순신에게는 공사 간에 갈등이 전혀 없었을까?

그렇지 않다. 이순신도 공사 간에 갈등을 경험하였고, 때로는 공보다 사를 앞세우는 일도 있었다. 이순신이 어머니를 만나기 위하여 당시 체찰사로 있던 이원익에게 올린 휴가 신청서에 우리가 찾는 내용이 담겨 있다.

살피건대, 세상일이란 부득이한 경우도 있고, 정에는 더 할 수 없는 간절한 대목도 있습니다. 이러한 정으로써 이러한 경우를 만나면 차라리 나라 위한 의리에는 죄가 되면서도 할 수 없어 어버이를 위하여서는 사정으로 끌리는 수도 있는 듯 합니다. ……(중략)…… 자식 걱정하시는 그 마음을 위로해 드리지 못하는바 아침에 나가 미처 돌아오지만 않아도 어버이는 문밖에 서서 바라본다 하거늘, 하물며 못 본 지 3년째나 되옵니다. ……(중략)…… 그러므로 이 겨울에 자친을 가 뵙지 못하고 봄이 되어 방비하기에 바쁘게 된다면, 도저히 진을 떠나기가 어려울 것입니다. 이 애틋한 정곡을 살피시어 며칠간의 말미를 주시면 한 번 가게 됨으로써 늙으신 어머님 마음이 적이 위로 될 수 있을 것입니다. 그리고 그 사이에 혹시 무슨 병고가 생긴 다면 어찌 휴가 중이라 하여 감히 중대한 일을 그르치게 하겠습니까.

이 글은 공과 사가 충돌할 때 공을 관리하면서 사를 추구하는 모습을 보여 준다. 그러니까 사적인 욕구를 충족시키되 공적인 업무 수행에 방해되지 않는 범위에 한한다. 그렇지만 공사 둘 사이의 충돌 자체가 불가피할 경우 이순신은 어떻게 했을까?

이순신에게는 위로 형이 둘 있었는데 맏형 희신은 53세에 세상을 떠났고, 둘째 형 요신은 39세에 세상을 떠나서 두 형의 자녀들을 모두 이순신의 어머니가 키우고 있었다. 마침 이순신이 정읍 현감으로 있을 때 어머니와 두 형의 자녀들이 합하여 총 24명의 가족이 함께 산 적이 있었다. 이를 두고 어떤 사람들은 이순신이 너무 많은 식솔을 거느리고 관사에 산다고 비난했다. 당시에 지방 관리들이 많은 식구을 거느리고 있으면 '남솔'이라고 하여 파면이나 벼슬을 낮추는 일도 있었다. 이에 대해 이순신은 "내가 차라리 식구를 많이 데리고 온 죄를 입는 한이 있어도 이 의지할 곳이 없는 것들을 돌보아 주지 않을 수 없다."고 말하며 듣는 사람들을 감동케 한 바 있다. 설사 많은 식구를 거느리고 있어도 국가 재정을 낭비하는 것이 아닌 이상 부끄럽지 않고 그로 인해 파직을 당한다면 기꺼이 감당하겠다는 태도다. 사를 위해서 공을 떠날 수도 있다는 심사가 내비치는 대목이다.

공인과 사인, 또는 공사 간의 분별에 대한 이순신의 판단을 한번 해석해 보자. 앞의 예들을 보면 이순신은 공과 사를 대립되는 것으로 파악하지 않았다. 공과 사는 뚜렷한 경계를 가지고 서로 분리되어야 할 다른 장이 아니다. 오히려 이 둘은 상호 조화를 이루며 사람의 삶을 윤택하게 도와주는 삶의 터전이어야 한다. 만일 공인이라는 사실 때문에 사인으로서 보호하고 누려야 할 가족관계를 무너뜨려야 한다면 차라리 공직을 포기하겠다는 말은 여기에서 나온다.

이렇게 보면 이순신에게 공사 분별은 그다지 중요한 사항이 아니었다. 그보다는 '정의로움'이 보다 더 소중한 가치였다. 다시 말하면 공사를 막론하고 일을 추구하는 방법이 정당한가 부당한가가 더 큰 판단 기준이라는 말이다. 부당하게 국가 재정을 축내지 않는 한 친척들을 이끌고(사) 공관에서 생활을 하는 것(공)은 문제가 아니라는 인식은 이래서 가능하다.

어쨌거나 이순신은 가족과 친지들을 보살피는 사사로운 일을 공직에 머무는 일 못지않게 중요하게 여겼다. 그리고 그렇게 만들어 놓은 울타리 안에서 인간적인 면모를 거침없이 표출하였다. 때로는 맏아들 회가 심히 언짢아 할 정도로 돌아가신 어머니를 그리워하며 눈물을 흘린 적도 있다.

아마도 이순신의 가족에게 이순신이 외로워하고, 분통을 터뜨리고, 눈물을 흘리고, 통곡을 하고, 서슴지 않고 발을 동동 구르는 행동은 그다지 낯설지 않았을 것이다. 『난중일기』도 멀다 하고 이런 글들이 적혀 있다.

그렇다고 해서 이순신이 부정적인 감정만 털어놓은 것은 아니다. 때로는 어머니가 편안하다는 소식에 기뻐하고, 아들과 아내의 병세가 호전되었다는 소식에 반가워하며, 밤이 깊도록 조카들과 어울려 담소를 즐기고, 가까운 친구들과 다정하게 어울려 술에 취하고, 정이 듬뿍 담긴 친구의 편지에 반색을 한다. 요컨대, 이순신은 진중에 머물면서 경험하는 여러 감정을 솔직하게 대했을 뿐 아니라 이를 숨김없이 드러낼 줄 알았다. 한 인간으로서 자기 감정에 충실한 솔직성과 진정성이 돋보인다.

솔직함은 주변 사람에게도 영향을 미친다

이순신의 이 같은 솔직함과 진정성은 사람들에게서 비슷한 반향을 불러일으켰다. 늘 아버지 주위에 머물던 자식들은 물론, 조카와 친지들에게 이순신은 인기가 있었다. 그래서 진중임에도 불구하고 친지들이 찾아와 상담을 하고 정담을 나누다가 돌아가곤 했다. 이순신이 권위와 위엄으로 일관하였다면, 그래서 이순신에게서 인간적인 따뜻함과 푸근함을 느낄 수 없었다면 도저히 일어날 수 없는 일이다.

사실 이순신의 인간적인 면모는 친지들에게 국한하여 표현한 것이 아니다. 이순신은 자신에게 그러했듯 공과 사를 막론하고 사람들의 감정을 존중하고 이를 배려하는 쪽으로 행동하였다. 전쟁과 관리들의 수탈로 인해 헐벗고 굶주린 백성을 보살피고 배려하는 정책을 썼고, 생사를 같이 하며 전투에 참가한 부하들에게 공정한 공훈을 돌리기 위하여 임금에게 여러 번 보고서 올리는 일을 마다하지 않았으며, 오랫동안 고생한 장병들의 노고를 풀어 주기 위하여 밤이 깊도록 즐겁게 마시고 뛰놀게 했고, 심지어 항복해 온 왜군들이 간절히 바라는 광대놀이를 허락해 주었다. 불의하고 부당한 일이 아닌 한 이순신은 늘 주변 사람들의 의견을 청취하고 도와주려고 노력하였다. 이순신의 이 같은 인간적 배려는 결국 많은 이들이 이순신을 어버이처럼 섬기고 친형제처럼 아끼는 마음을 내게 만들었다. 이순신의 영구가 남해에서 여수 고금도를 거쳐 아산으로 안장될 때 '남쪽 백성들은 모두 거리에서 통곡을 하고 글을 지어 제사했다.' 고 이항복이 묘사한 광경은 이순신의 삶이 어떠했는지를 잘 보여 준다. 차가운 무장으로서 오로지 승리에 전념한 장수였다면 아마도 백성들에게 이와 같은 대접을 받기 어려웠을 것이다.

섬세하고 따뜻하고 감정에 충실하지만 이런저런 일로 고통의 나날을 보내던 아버지 이순신이 54세의 일기로 세상을 떠났을 때 아버지를 여읜 자식들의 심정이 어떠했을까? 맏아들 이회는 아버지의 장례를 치른 후 현감 역에게 보낸 편지에서 '피눈물을 흘리고 애가 끊기는 듯하여 스스로 마음을 가누지 못했습니다. 할 말은 많으나 마음이 어지럽고 갈피를 잡지 못해서 자세히 적지 못했습니다.' 고 아비 잃은 애통함을 적고 있다. 누구나 아비를 잃으면 슬픈 마음을 갖지만 이렇게 피눈물을 뿌릴 정도로 아버지 이순신과 자녀들의 관계는 각별했다. 모든 부모-자녀 관계가 이렇다면 얼마나 좋을까?

이순신에게 배우는 인간적인 아버지의 매력

이순신은 정말 인간적인 아버지였다. 아버지가 이런 인간적인 냄새를 팍팍 풍기면 자녀들은 아버지의 매력에 빠져 그를 사랑할 수밖에 없다. 이렇게 멋진 인간적인 아버지가 되려면 어떻게 해야 할까? 이순신은 다음과 같이 말할 것 같다.

첫째, 관계에 성실하자. 흔히 가족은 일차적 관계라고 한다. 다시 말해, 혈연으로 이어진 가족은 다른 모든 관계에 우선하는 가장 기초적이며 중요한 관계다. 그렇기 때문에 가족관계는 무조건적이다. 우리는 가족이기 때문에 무조건 감싸고 무조건 편들고 무조건 사랑한다. 하지만 무조건이라고 해서 여기에 정성을 들이지 않으면 그 내용이 아주 빈약해진다. 그러므로 가족관계에도 공들여 가꾸려는 자세가 필요하다. 가족 구성원이 어디

불편한 데는 없는지, 가족 구성원이 지금 어떤 일에 빠져 있는지, 가족 구성원이 어떤 사람과 어울리며 무슨 소망을 가지고 있는지 꼼꼼하게 관심을 가지고 챙겨야 한다. 이렇게 할 때 가족 간 유대관계가 더욱 튼실해지고 마음속 깊숙이 서로 통하는 수준 높은 교감이 가능하다. 이순신이 어머니와 가족을 늘 마음 한가운데 두고 진정어린 자세로 성실하게 대했다는 사실을 잊지 말자.

둘째, 자신의 감정을 잘 접촉하자. 우리는 감정의 동물이다. 자세히 관찰하면 우리의 감정은 하루에도 수십 번 요동하고 변한다. 감정은 그렇게 예민하고 섬세하다. 그런데 대부분의 사람은 평소 자기 감정을 자각하지 못하고 그냥 무덤덤하게 산다. 감정에 주목할 줄 모르는 까닭이다. 자기 감정을 주목하고 이를 제대로 인식할 줄 알면 인생이 풍요로워진다. 생각해 보라. 세상에 감정이라곤 슬픔 하나만 있고, 또 슬픔의 수준이나 종류를 무시한 채 슬픔은 모두 같은 슬픔이라고 여기는 사람이 있다면 얼마나 메마른 삶을 살겠는가? 감정은 우리 존재의 중심 가까이 있다. 따라서 속으로 느끼는 감정을 예민하게 접촉할 줄 아는 사람은 존재의 중심에 깊이 다가서는 셈이다. 이순신은 놀라울 정도로 자기 감정을 민감하게 포착하였다. 마치 거울을 들여다보듯 자기 감정을 들여다보았고 이를 적합한 명칭을 붙여 표현할 줄 알았다. 예를 들어, 『난중일기』를 읽다보면 깜짝 놀랄 정도로

'화가 치미는 심정'을 다채로운 용어로 표현하고 있다. 감성이 풍부한 인간적인 아버지가 되려면 자기 감정을 잘 들여다보고 이를 계발할 줄 알아야 한다.

셋째, 감정을 솔직하게 표현하자. 감정은 일종의 에너지이기 때문에 잘 풀어내야 속에 쌓이지 않는다. 화가 날 때 억지로 참아보라. 어김없이 병으로 발전한다. 기쁜 일이 있는데 꾹 참아보라. 입이 근질거려서 다른 일에 집중을 못한다. 화든 기쁨이든 적절하게 표출하고 풀어내야 정신을 건강하게 유지할 수 있다.

감정 표현은 가족에게 자신의 심리 상태를 알려 주는 방법이기도 하다. 그리하여 상대방이 나에게 어떻게 접근해야 할지 필요한 단서를 제공한다. 입을 꾹 다물고 감정 표현을 억제해 보라. 아마도 가족은 당신을 무척 어려워하고 가까이 다가오기를 꺼리면서 괜히 눈치를 살피고 어색하게 행동할 것이다. 이렇게 되면 부모-자식 사이에 격의 없고 진솔한 관계가 이루어질 수 없다. 쓸데없는 위엄과 권위를 벗어 던지고 따뜻하고 인간적인 아버지로 남으려면 자신의 느낌을 가족에게 솔직하게 표현해야 한다. 꾸미지 않고, 숨기지 않고, 있는 그대로 감정을 드러내며 살다보면 어느새 자녀들은 당신의 팬이 되어 있을 것이다.

솔직한 감정을 표현하는 삶이 처음 시작할 때 어색할지 모르지만 자꾸 행동으로 옮기다보면 머잖아 자연스런 습관이 된다. 자녀들이 열광하는 인간적인 아버지로 자리매김하는 비법이 여기에 있다. 자녀들의 마음을 통째로 사로잡은 이순신이 감정 표현의 달인이라는 사실을 기억하자.

참고문헌 | 최두환 역(1999). **충무공이순신전집.** 우석.
김경수 편저(2004). **평역 난중일기.** 행복한책읽기.
노승석 역(2005). **이순신의 난중일기 완역본.** 동아일보사.

6.
잘 들어주기가
가족화목의 밑거름이다

사람들은 이해받는다는 느낌이 들 때 쉽게 가까워진다. 가족도 마찬가지다. 부모가 자기를 잘 이해한다고 느끼는 자녀들은 부모를 아주 가깝고 따뜻하게 느끼며 산다. 설혹 집이 가난해 살림이 쪼들리더라도 서로 깊이 이해하며 사는 가족은 행복하다. 이렇게 이해는 단란하고 화목한 가정을 이루는 데 없어서는 안 될 필수 요소다. 내가 무슨 말을 어떻게 할지라도 식구들은 내 편이 되어 내 진짜 마음을 나같이 알아주리라는 믿음과 신뢰가 있기 때문이다.

그렇다면 가족 간에 서로 잘 이해하고 살 수 있는 비법은 없는 걸까? 아니다. 분명히 비법은 있다. 다만 너무 쉬워 보여서 사람들이 진지하게 받아들이지 않을 뿐이다. 이 글에서는 다른 사람을 잘 이해하는 방법으로 '들어주기'를 다룰 것이다. 우리 역사에서 들어주기의 명수로 알려진 황희 정승에게 한 수 배워 보자.

깊이 있게 사려할 줄 아는 지혜

방촌 황희 정승(1363~1452)은 고려 공민왕 때부터 조선 문종 때까지 90세를 살았다. 그는 87세에 사임하기까지 무려 58년간 관직 생활을 하였는데 그동안 육조의 판서를 모두 거쳤고, 삼정승의 자리를 24년간 지냈으며, 영의정을 19년간 역임하였다. 사이사이 있었던 휴직과 파직 기간을 감안하더라도 일생을 거의 관직 생활로 보낸 셈이다.

황희는 슬하에 3남 1녀를 두었고, 생존해 있을 때 이미 69명이나 되는 손자녀를 두고 있었다. 정승의 아들들도 모두 상당한 지위에 오르거나 벼슬을 하였다. 그중 장남 치신은 호조판서에 올랐고, 삼남 수신은 영의정에 올라 아버지와 아들 2대가 영의정에 오르는 영광을 누리기도 했다.

하지만 시대의 청백리요 명재상이요 존경받는 아버지로 알려진 황희 정승에게도 흠결이 있었다. 『세종실록』과 『문종실록』을 살펴보면 황희가 뇌물을 받은 일, 사건 조작에 관여한 일, 매직한 일, 간통 사건에 연루된 일들이 기록되어 있다. 『문종실록』에는 '성품이 지나치게 관대하여 제가에 단점이 있었으며, 청렴결백한 지조가 모자라서 정권을 오랫동안 잡고 있었으므로, 자못 청렴하지 못하다는 비난이 있었다.'는 인물평도 실려 있다.

그럼에도 불구하고 황희가 그렇게 오랫동안 고위직을 유지하며 명재상으로 평판을 날린 데는 그만한 이유가 있다. 포용성 있게 다른 사람을 이해하고 배려할 줄 아는 넓은 도량, 다른 사람의 진심을 잘 읽고 적절하게 대응할 줄 알았던 지혜가 있었기 때문이다. 황희가 세상을 떠난 후 국가에서 붙여 준 시호 '익성(謚成)'의 익 자가 '깊이 있게 사려할 줄 아는 지혜'라는 뜻을 담고 있어서 정승의 삶을 잘 요약하고 있다. 필자는 정승의 이 사려 깊은 지혜의 핵심에 상대방의 말을 잘 '들어주기'가 있다고 생각한다. 황희의 들어주기에는 현대 상담학자가 혀를 내두를 만한 대화의 철학과 기술이 담겨 있다. 상대방의 마음을 잘 읽고 깊이 들으면서 대화를 전개하는 황희는 그야말로 제3의 귀를 가지고 경청할 줄 아는 대화의 달인이었다. 황희로 하여금 훌륭한 자녀 교육을 하고 58년에 이르는 관직 생활을 성공적으로 마치게 한 비법이 바로 여기에 있다. 황희에 관한 일화를 중심으로 이 비법을 알아보자.

선생이 고려 말 파주 적성이라는 곳에서 훈장 선생으로 있을 때다. 하루는 송경으로 가던 중 한 노인이 누런 소와 까만 소 두 마리로 밭을 갈다가 쉬는 것을 보았다. 선생이 노인에게 다가가 두 마리 소 중에 어느 소가 일을 더 잘 하는지 묻자, 노인은 선생의 귀에 입을 대고 어느 소가 더 낫다고 속삭였다. 선생이 속삭이는 이유를 물으니 노인은 '짐승이라도 사람의 말의 좋고 나쁨을 짐작한다.' 면서 '선생이 나이가 어려서 물정을 모른다.' 고 나무랐다. 노인의 말에 선생은 크게 깨닫는 바가 있었다. 선생이 한 평생 간직한 겸손하고 어질고 후덕한 덕과 도량은 노인의 이 한마디에 영향을 받은 것이다.

　흔히 듣는 황희의 일화다. 이 일화에서 황희는 노인에게서 '말' 을 대하는 태도의 중요성을 배운 듯하다. 말은 원래 속에 품은 마음을 밖으로 드러내는 행위다. 그런데 이 말은 단순히 내 속을 표현하는 데서 그치지 않고 그 말을 듣는 상대방에게 어떤 식으로든 영향을 준다. 특히 사람들은 비교하고 평가하는 말에 아주 민감하다. 대부분의 사람은 보통 칭찬하거나 격려하는 말을 듣기 좋아하고 비난하고 꾸중하는 말은 듣기 싫어한다. 그뿐 아니라 좋은 말을 하는 사람을 좋아하고 싫은 말을 하는 사람은 싫어하게 되는데, 이런 마음은 상대방을 대하는 태도와 행동에 반영되어 표현된다. 그러니까 좋다거나 싫다거나 다른 사람을 평가하는 말은 그대로 부메랑이 되어 그 말을 한 사람에게 되돌아온다. 따라서 다른 사람을 비교·평가하는 말을 조심해야 한다.

　소들이 자신의 말을 알아듣고 그에 반응한다는 사실을 인식하고 있는 노인은 소들의 마음을 행동으로 배려하고 있다. 길손이 물으니 대답은 해야겠는데 소들에게 영향을 줄 수 있는 비교하고 평가하는 말이므로 소들이 알아듣지 못하게 길손의 귀에 대고 속삭이듯 답을 한 것이다. 여기서 우리는 말하는 법에 대한 귀중한 원리 하나를 찾을 수 있다. 비교하고 평가하는 말처럼 상대방이 들으면 싫어할 말은 아예 입에 담지 않는 편이 좋고, 어쩔 수 없이 말을 하게 될 경우라면 가능한 상대방의 귀에 들어가지 않도록 조심해야 한다.

비교·평가하는 말뿐 아니라 우리가 말을 할 때 일반적으로 지켜야 할 사항이 있다. 일단 솔직해야 한다. 자신이 속에 어떤 느낌이 있으면 이를 있는 그대로 솔직하게 드러내는 일은 대화의 기본이다. 솔직함이 있어야 서로 간에 신뢰가 쌓이기 때문이다. 그런데 때로 자신의 마음을 솔직하게 드러내기 어려운 상황들이 있다. 있는 마음을 그대로 드러내면 상대방이 상처를 받거나 둘 사이의 관계가 험악해질 위험성이 있는 경우들이 그렇다. 상대방에게 상처를 주기로 아예 작정하고 말을 마구 한다면 모르지만, 그렇지 않을 때는 어떻게 해야 할까? 침묵이 가장 좋은 답이다. 이런 경우에 우리는 '침묵은 금이다.' 라는 말을 한다. 그러니까 솔직함을 지키기 어려운 상황이 되면 차라리 침묵으로 대응하는 편이 훨씬 낫다. 두 사람 사이에 충분한 신뢰가 쌓여 있다면 나중에 이 침묵의 의미를 서로 나눌 기회를 갖게 될 것이다.

상대방의 입장에서 생각하자

황희가 노인에게 배운 또 하나의 주제는 마음 읽기다. 미물이라고 무시하던 짐승들에게도 마음이 있다면, 그리고 그 마음의 움직임을 잘 배려해야 정상적인 관계를 유지하고 목표하던 과제를 제대로 성취할 수 있다면, 사람은 오죽하랴! 그러니까 사람 관계에서 무엇보다 먼저 고려할 것은 상대방의 마음이다. 상대방의 마음에 무엇이 담겨 있는지, 마음으로 진정 원하는 것이 무엇인지 알아야 거기에 어울리는 대응을 할 수 있다. 그렇다면 상대방의 마음을 잘 읽고 이해하기 위해 어떻게 해야 할까? 아무리 생각해도 상대방의 말을 잘 듣는 일보다 더 나은 방법은 없다. 다음 일화에 나타나는 황희의 들어주기 전략은 이렇게 시작된 듯하다.

어느 날 집안에 있는 여종들이 서로 싸우다가 한 여종이 와서 호소하였다.

계집종 A　계집종 B와 다투었는데 그 계집종은 매우 간악합니다.
황　　희　네 말이 맞다.

이번에는 계집종 B가 와서 역시 계집종 A가 나쁘다는 것을 설명하였다.

황　　희　네 말이 맞다.

곁에서 이를 지켜보던 황희의 아들이 못마땅한 말투로 말하였다.

아　들　어찌 아버지께서는 이 말도 옳고 저 말도 옳다고 하십니까?

황희는 역시 이렇게 대답했다

황　희　네 말도 맞다.

언뜻 보면 판단력이 흐려서 오락가락하는 황희의 줏대 없는 모습, 또는 작은 일에 별로 신경을 쓰지 않는 대범한 모습을 보여 주는 일화라는 생각이 들게도 한다. 다 맞는 말일 수 있지만 조금 다르게 생각해 보자.

한 사람을 이해한다는 말은 그 사람의 마음에 있는 뜻을 잘 파악한다는 말이다. 다시 말해 그 사람의 마음에 있는 내용을 그대로 알아낸다는 뜻이다. 한 사람의 마음에 있는 내용을 잘 알아내기 위해서는 두 가지 방법을 쓸 수 있다. 하나는 나의 마음을 지키면서 상대방에게서 흘러나오는 다양한 표현 방식에 주의를 기울이는 일이요, 다른 하나는 아예 저 사람의 마음으로 들어가서 마치 저 사람인 것처럼 보고, 느끼고, 생각하고, 행동해 보는 것이다. 전자가 보통의 이해 방식이라면 후자는 공감적 이해다.

공감적 이해를 잘 하려면 우선, 자신의 마음을 비워 두어야 한다. 그리고 그 사람 안으로 뛰어 들어가 열심히 그 마음자리에서

울려 나오는 소리를 들어야 한다. 그 사람 말의 옳고 그름, 아름답고 추함, 좋고 싫음에 대한 판단을 일체 접어 둔 채 온전히 그 사람과 하나된 입장을 취할 수 있어야 한다.

황희에 대한 앞의 일화를 공감적 이해라는 측면에서 분석해 보자. 황희는 먼저 계집종 A의 하소연을 듣는다. 그는 그냥 계집종 A의 하소연을 듣는 것이 아니라 그녀의 입장에서 사태가 어떻게 전개되었는지, 그리고 그에 따라 그녀가 어떤 생각, 어떤 감정을 갖게 되었는지 진지하게 들어준다. 그녀의 마음자리에서 보니 정말 그녀의 마음이 이해되고 그럴 수밖에 없겠다고 고개를 끄덕이게 된다. 계집종 A는 자신의 말을 마치 자신처럼 들어주는 황희가 너무 고마워서 마음에 감동을 받는다. 상황은 바뀌어 계집종 B가 찾아와 하소연을 한다. 황희는 계집종 A가 이미 와서 말했으니까 시간 낭비하지 말라고 면박을 주지도 않고, 대충대충 건성으로 듣지도 않고 계집종 A를 대할 때와 마찬가지로 다시 정성을 다하여 계집종 B의 말을 들어준다. 그녀의 입장에서서 사태가 어떻게 전개되었는지, 그리고 그에 따라 그녀가 어떤 생각, 어떤 감정을 갖게 되었는지 진지하게 들어준다. 그녀의 마음자리에서 보니 정말 계집종 B의 마음이 이해되고 그럴 수밖에 없겠다고 고개가 끄덕여진다. 계집종 B는 자신의 말을 자신처럼 들어주는 황희가 너무 고마워서 감동을 받는다. 이 사태를 지켜보던 아들이 이것도 저것도 아니고 그게 뭐냐고 한마디 한다. 문제를 해결하기 위하여 분명하게 사리판단을 하고 한쪽 편을 들어주어야 한다는 아들의 입장에 서서 이 사건을 보니 역시 그렇게 말할 수밖에 없겠다고 고개를 끄덕이게 된다. 그리하여 황희는 아들의 말 역시 진지하게 받아들인다. 아들은 계집종들의 다툼을 대하는 아버지의 태도에 불만이 있지만 자신의 의견을 그대로 인정해 주는 아버지에게서 친근하고 푸근하함을 느낀다.

두 계집종은 자기들 사이에 생긴 갈등과 다툼이라는 문제를 해결하기 위하여 주인인 황희를 찾아왔다. 아들 역시 이 문제를 해결하는 것이 중요하다고 여기고 있다. 그러나 이 사태를 대하는 황희의 자세는 사뭇 다르다. 황희는 문제를 다루고 해결하기 이전에 먼저 관련 당사자들의 마음에 초점을 맞춘다. 문제 해결의 첫 걸음을 관련 당사자들의 마음을 헤아리고 이해하는 데서 찾고 있는 것이다. 황희는 계집종들의 마음을 헤아리는 첫 단계로 그녀들이 이 사태를 보는 시각, 관점, 입장, 틀 속으로 들어간다. 이렇게 자신을 앞세우지 않고 그녀들 안으로 들어가서 살펴보니 그녀들의 마음이 있는 그대로 전해져 온다. 고개만 끄덕이고 있을 수밖에 없는 사정이 여기에 있다. 아들에 대해서도 마찬가지다.

그리하여 계집종들은 처음에 자신들이 들고 온 문제에 대하여 황희에게서 아무런 해결책을 얻지 못하고 돌아간다. 도대체 황희에게서 그 문제에 대해 누가 잘못했다거나 이리저리 하라는 말을 듣지 못했기 때문이다. 그렇다고 이들이 아무런 소득 없이 돌아간 것일까? 그렇지 않다. 이들은 황희에게 하소연하면서 많은 것을 느꼈을 것이다. 묵묵히 그러나 열심히 귀 기울여 자신의

옳다!
옳다!
옳다!
옳다!
옳다!
옳다!
옳다!
옳다!
옳다!
옳다!

말을 들어주는 주인의 태도, 자신이 이해받고 있음을 알게 하는 따사로운 느낌, 그리고 무언가 정승과 자신이 하나가 된 듯 솟아오르는 일체감 등을 맛보았을 것이다.

황희 정승과 대화하면서 접했던 이러한 경험은 그들로 하여금 황희를 존경하게 할 뿐 아니라 자신들이 처음에 들고 온 문제에 대하여 다시 생각할 수 있는 계기가 되었을 법하다. 모르긴 몰라도 아마 이들은 똑같은 문제를 가지고 다시 황희를 찾지 않았을 것이다. 나름대로 문제를 해결했을 가능성이 높기 때문이다. 상대방의 마음에 초점을 두고 열심히 들어줌으로써, 직접 문제에 손을 대지 않고서도 문제 해결에 대한 새로운 길을 열어 놓는 황희의 지혜가 돋보인다.

답은 상대방의 마음속에 있다

마음에 초점을 맞추며 상대방의 말을 열심히 듣다보면 의외의 소득을 얻을 때가 있다. 상대방의 말 속에 이미 그가 원하는 바가 뚜렷이 들어 있을 때가 그렇다. 다음 일화를 보자.

한번은 이웃에 사는 사람이 선생을 찾아와 '오늘 저녁이 저의 아버지 제삿날인데 암소가 송아지를 낳았으니 제사를 지내는 것이 좋습니까, 안 지내는 것이 좋습니까?' 하고 물으니 지내는 것이 좋다고 했다. 얼마 뒤에 다른 이웃 사람이 찾아와 역시 '아버지 제사 날에 암소가 새끼를 낳았다.'고 하면서 제사를 안 지내는 것이 옳은지 지내는 것이 옳은지를 물었다. 선생은 안 지내는 것이 옳다고 대답했다. 선생의 아들이 옆에서 듣고 있다가 같은 사안을 두고 답이 다른 점에 의문을 제기하자, '너 말도 옳다'고 하여 아들이 어찌하여 그러냐고 그 이유를 물었다. 선생의 답은 "앞사람은 제사를 지내고 싶은 마음이 있어 '제사를 지내는 것이 옳습니까?'라는 말을 먼저 하였기에 지내는 것이 옳다 하였고, 뒷사람은 제사를 지내고 싶은 마음이 없어 '안 지내는 것이 옳습니까?'라는 말을 먼저 하였으니 안 지내는 것이 옳다고 하였다."는 것이다. 각자 마음가짐과 성의대로 하는 것이 좋다는 취지라는 것이다. 여기서 '황희 정승 정치하듯 한다.'는 말이 생겼다고 한다.

마음에 무엇인가가 담겨 있으면 으레 밖으로 표현되기 마련이다. 말도 마찬가지다. 왜 사람들이 말을 할까? 자기 마음속에 있는 욕구를 충족시키기 위함이다. 마음속에 욕구가 없으면 말도 없다. 그러니까 진정한 대화는 단순히 말을 교환하는 것이 아니라 마음속에 담긴 욕구를 교환하는 것이어야 한다. 다시 말해, 대화는 말하는 이들의 마음에 담겨 있는 구체적인 욕구를 명확하게 드러내고 이를 제대로 충족시키는 방법을 찾아갈 때 생산적이다. 마음이 함께 따라가지 않는 대화가 겉돌 수밖에 없는 이유가 여기에 있다.

따라서 정말 상대방을 이해하려면 상대방이 무슨 말을 할 때 '저 말을 왜 할까?', '저 말을 통해 만족시키려는 욕구가 무엇일까?'에 주의를 기울이며 들어야 한다. 이렇게 말을 듣기 시작하면 '답'은 곧 쏟아져 나온다. 제사를 지내고 싶은 사람은 황희에게 '제사를 지내야 합니까?' 하고 먼저 묻고, 제사를 지내고 싶지 않은 사람은 '제사를 안 지내야 합니까?' 하고 먼저 묻는다. 만일 황희가 두 사람의 물음에 답하기 위해 문헌을 뒤지거나 선례를 찾아 정답을 발견하려고 했다면 아마도 헛수고로 끝났을 가능성이 높다. 황희가 찾아낼 정답은 두 사람의 마음이 찾는 정답과 전혀 다른 까닭이다. 그래서 황희는 처음부터 말하는 이들의 마음가짐에 초점을 맞추었고, 그렇게 해서 내놓은 답은 정반대되는 처방임에도 불구하고 두 사람 모두를 만족시킬 수 있었던 것이다.

황희는 매사를 이렇게 다룬 듯하다. 똑같은 질문에 대한 아버지의 정반대 처방에 호기심을 일으키는 아들과의 대화도 그렇고 '황희 정승 정치하듯 한다.'는 말이 생긴 것으로 보아 국사에 임할 때도 마찬가지였을 것이다. 항상 앞장서서 해결책을 찾아가는 방식이 아니라 사람들의 마음속에 들어있는 해결책을 잘 드러내어 충족시키는 방식을 취한 것이다. 만일 정치가, 황희가 그랬듯이 '대립하는 양쪽을 다 편들어 주면서 양쪽이 행복한 해결책을 찾아가도록 이끄는 행위'라면 한번 해볼 만하다는 생각까지 든다.

'말' 을 들을 때 한 가지 더 생각해야 할 점이 있다. 말하는 사람이 처해 있는 상황이다. 그러니까 말하는 이가 그 말을 편안하고 자유로운 상태에서 자발적으로 한 것인지, 아니면 강압에 의해 억지로 한 것인지 잘 판단해야 한다. 앞에 예를 든 계집종이나 제사에 관한 이야기는 말하는 이들이 자발적으로 찾아와 자신의 마음을 털어 낸 경우다. 하지만 다음 일화처럼 상황이 전혀 다를 수도 있다.

하루는 선생이 입궐한 사이에 부인이 선생에게 드리기 위해 배를 시렁 위에 얹어 두고 친정에 갔다. 그날따라 선생이 일찍 퇴궐해 내실에 조용히 앉아 있었는데, 시렁 위에서 쥐가 자꾸 들락날락 하면서 그 배를 훔쳐 가려고 하는 것을 보게 되었다. 그런데 배가 둥글고 미끄럽고 커서 입으로 물어가지 못하고 있더니, 이윽고 다른 한 마리가 나타나 한 마리는 배를 안은 채 벌렁 드러눕고 한 마리는 배를 안고 있는 쥐를 물고 구멍 속으로 들어갔다. 이런 방법으로 배를 몽땅 훔쳐 가는 것이었다.

얼마 뒤에 부인이 들어와서 배를 찾았으나 한 개도 없어 선생에게 물어보았으나 선생은 모른다고 했다. 그러자 부인이 집을 보았던 어린 노비 아이에게 추궁하였다. 어린 노비가 모른다고 하자 부인이 회초리로 때리니 겨우 두어 대를 맞고는 그만 자기가 먹었다고 거짓 자백하는 것이었다. 선생은 이 광경을 보고 내심 탄식하고는 며칠 뒤 조정에서 그 일을 이야기하고 다음과 같이 여쭈었다. '지금 국내에는 반드시 애매한 형을 받은 자가 많을 것입니다.' 왕은 이 제안을 받아들여 오랫동안 감옥에 갇혀 있던 죄수들에게 사면령을 내렸다고 한다.

말하는 이가 처한 환경이 억압적이고 강제적이면 마음에 있는 내용을 사실 그대로 편안하게 드러낼 수 없다. 그래서 거짓말이 나오고 사실을 왜곡하게 된다. 특히 상사와 부하, 교사와 학생, 부모와 자녀처럼 권력과 힘에서 우열 관계가 뚜렷한 경우에 이런 현상이 자주 나타난다. 따라서 마음을 터놓고 제대로 대화하고 싶다면 상대가 말을 편하게 할 수 있는 환경을 만들어야 한다. 있는 그대로 진실을 말해도 뒷탈이 없을 것이라는 확신을 주어야 한다.

흔히 보는 일이지만 자식 사랑이 많은 부모일수록 자녀들에게 요구가 많다. 그러다보니 마음이 급해져서 아이들에게 이것저것 다그치고 윽박지르고 위협하고 때로는 공갈을 친다. 부모는 정말 아이들을 위해서 그렇게 하지만 아이들 입장에서 보면 참 난감할 때가 있다. 예를 들어, 부모 몰래 컴퓨터 게임을 하는 아동이 있다고 하자. 이 아동은 정말 컴퓨터 게임을 하고 싶은데 부모가 일체 안 된다고 막무가내로 막으니 할 수 없이 부모 몰래 게임방을 전전하면서 컴퓨터 게임에 매달린다. 간혹 부모가 "너 요즘 컴퓨터 안 하지?" 하고 물으면 어쩔 수 없이 거짓말을 하게 된다. 상황이 이렇게 되면 부모-자식 사이에 솔직한 대화를 통해 마음을 주고받는 일은 기대하기 어렵다. 그리하여 자녀를 사랑할수록 자녀와 멀어지는 이상한 현상이 발생한다. 자녀의 마음을 잘 이해하고 서로 솔직담백한 대화를 즐기고 싶다면 평소 부모의 뜻을 앞세워 자녀의 욕구를 함부로 억압하는 일이 없어야 한다.

황희의 인품

지금까지 들어주기를 중심으로 황희가 대화에 임하는 모습을 보았다. 그런데 황희의 대화법은 황희의 인품과 밀접한 관련이 있어 보인다. 다시 말하면 상대방을 배려할 줄 아는 황희의 넓은 도량과 포용 정신이 '들어주기'를 가능하게 한 원동력이라는 말이다. 그러니까 황희의 대화법은 그의 인품의 표현이라고 말해도 과언이 아니다. 그렇다면 황희의 인품은 어떠했을까? 그의 인품을 짐작케 하는 일화를 살펴보자.

선생은 도량이 넓고 커 대신의 체통이 있었으며 국사를 처리하는 데도 관대하였다. 집에 있을 때에는 그저 담담하여 어린 손자들이나 종들이 곁에 몰려들어 울고 장난을 쳐도 일체 나무라지 않았고 혹 턱수염을 잡아당기거나 뺨을 때려도 내버려 두었다. 하루는 부하 관리들과 더불어 일을 의논하다가 막 붓에 먹을 찍어 공문을 작성하려는데 종 하나가 종이에 오줌을 누었으나 성내지 아니하고 손으로 씻어 버릴 뿐이었다고 한다.

어느 추운 겨울날 한 판서가 상의할 일이 있어 동료 판서 집을 방문하였는데, 마침 동료 판서가 호랑이 가죽을 깔고 앉아 있는 것을 보게 되었다. 원래 호랑이 가죽은 왕만이 깔 수 있었다. 이에 찾아간 판서가 국법을 어기고 사치를 부린다고 지적하자 주인 판서는 잘못을 뉘우치고 용서를 구할 참으로 황희를 찾아갔다. 마침 황희 정승 집에 먼저 판서도 와 있었다. 호랑이 가죽을 깔았던 판서가 황희에게 전후 사정을 설명하며 용서를 빌자 황희는 두 사람을 바라보고 기분 좋게 웃으며 국가에 경사가 났다고 말했다. 까닭을 물으니 하나는 사과할 줄 아는 신하가 있다는 사실, 둘은 부정한 처사가 있을 때 이를 상부에 보고하여 시정케 하려는 신하가 있기 때문이라고 답했다.

황희는 이렇게 사람들 사이에 갈등이 생기고 골이 깊어질 수 있는 위험한 상황을 유연하게 포용할 줄 아는 인품이 있었다. 이 인품이 밑바탕에 있기에 정성을 다해 사람들의 마음을 들어주고 그들의 마음을 충족시키는 일이 가능했을 것이다.

이렇게 볼 때 '들어주기'라는 대화 기술은 상대방을 포용하고 배려하는 '인품'과 맞물릴 때 제대로 효과를 본다고 말할 수 있다. 언뜻 보면 참 쉬울 것 같은데 막상 생활에 적용해 보려면 생각보다 쉽지 않은 이유가 여기에 있다. 그렇다 해도 희망은 있다. 한편으로 들어주기를 연습하고 다른 한편으로 관용의 폭을 넓히는 연습을 꾸준히 하다보면 진전이 있을 테니까!

혹시 황희는 평생 화를 낸 적이 한 번도 없다고 오해할 사람이 있을 것 같아서 덧붙이자면 황희도 크게 화를 낸 적이 몇 번 있다. 호조판서가 되었다고 새 집을 짓고 이사한 큰 아들 치신, 기생집에 자주 출입하던 셋째 아들 수신, 그리고 출셋길을 내달리던 김종서(1383~1453)에게 꾸중을 한 이야기가 전해온다. 이 중 김종서에 대해서는 여러 사람이 이상하게 생각할 정도로 사사건건 책망이 심했다고 한다. 어느 날 맹사성(1360~1438)이 그 이유를 물으니, 황희는 '이것은 내가 김종서를 덕이 있는 사람으로 만들려고 하기 때문이오. 김종서는 성품이 거만하고 기질이 예민하며 지나치게 과감하고 신중하지 못해서 나중에 우리가 있는 자리에 올라오면 일을 그르칠 것임에 틀림없소. 그래서 미리 경계하고 격려하여 스스로 뜻을 삼가고 무겁고 너그럽게 하려 함이지 감히 그에게 재앙을 주려는 것이 아니요.' 라고 답했다고 한다. 훗날 황희는 우의정 자리를 물러나면서 그 자리에 김종서를 천거하였다.

이런 기록으로 보아 황희가 무골호인이 아니었다는 점, 그리고 꾸중조차 상대방의 성장을 위하여 활용할 정도로 사람을 중시했다는 점은 분명하다.

황희에게 배우는 아버지의 모습

황희 정승과 같이 있으면 마음이 놓여서 할 말 못할 말 다 할 것 같다. 웬만한 실수는 대수롭지 않게 넘어갈 것 같고 또 내 마음을 나와 같이 알아줄 듯하다. 아버지가 이런 사람이라면 자녀들은 아주 편안하게 하고 싶은 일, 하고 싶은 말 다 하면서 도량이 큰 사람으로 성장할 확률이 크다. 황희를 닮으려는 아버지라면 다음과 같이 해 보자.

첫째, 자녀들과 함께 있을 때 말을 하는 비율보다 듣는 비율을 높게 하자. 한마디로 말해 아이들 말을 많이 들어주자. 요즘 사람들은 참 말을 많이 한다. 특히 부모는 자녀들에게 여러 가지 말을 많이 한다. 자녀에 대한 기대가 커서 그런지 자녀들에게 주문하고 요구하는 것이 참 많다. 그래서 아이들 귀에 잔소리가 될 것을 무릅쓰고 '좋은' 말을 하고 또 한다. 아이들은 버르장머리 없이 대들기 싫으니까 묵묵히 듣고 있을 뿐인데 부모는 반복되는 '좋은' 말로 아이들을 무척 피곤하게 한다. 문제는 아이들이 '좋은' 말을 들으면서 점점 더 부모에게서 멀어져 간다는 사실이다. 아이들 말을 들으려 하지 않는 부모, 아이들 마음에 무엇이 있는지 상관 않겠다는 듯 막무가내 자기 말을 앞세우는 부모에게 아이들은 속으로 실망하면서 깊은 친밀감을 잃어버린다.

이제 말하는 입장에서 듣는 입장으로 자세를 바꾸자. 그리고 아이의 말을 많이 들어보자. 자녀들이 하루 동안 무슨 활동을 하며 어떤 생각, 어떤 느낌을 가지고 생활했는지 관심을 갖고 물어보자. 아이가 신이 나서 열심히 이야기하면 함께 맞장구치고 함께 안타까워하면서 아이의 말을 들어주자. 부모가 생각하는 기준을 앞세워 아이의 말을 판단하거나 평가하지 말고 그냥 들어주기만 해도 아이는 부모와 대화하는 동안 무척 행복해할 것이다. 그러니 가능하면 부모의 말을 줄이고 자녀의 말을 많이 들어주자. 부모와 자녀의 말하는 비율이 2:8 정도가 되면 적당하지 않을까?

둘째, 말을 통해서 자녀가 만족시키려는 욕구의 정체가 무엇인지 파악하자. 대화를 잘 하는 사람은 말의 내용보다 그 말을 하는 이유에 초점을 맞춘다. 그래야 상대방이 정말 원하는 것이 무엇인지 알 수 있고 거기에 맞춰 적절하게 대응할 수 있기 때문이다. 자녀와 대화할 때도 똑같다. "아빠 오늘도 늦게 들어오세요?" 하고 다소 짜증스레 묻는 아들의 질문에 "응, 아홉시에 와."라는 대답으로 끝내는 아빠는 자녀의 욕구에 관심이 없는 아빠다. "응, 아홉시에 와. 그래, 아빠가 늦게 와서 짜증이 나는 모양이구나. 아빠가 좀 더 일찍 들어왔으면 좋겠다는 말이지?" 하는 것이 자녀의 욕구를 이해할 줄 아는 아빠의 대응이다.

욕구에 초점을 맞추는 대화를 하게 되면 짧은 시간에도 아주 깊은 대화를 할 수 있고, 부모가 자녀들에게 깊은 관심을 가지고 있다는 사실을 확인시켜 주는 장점도 있다. 따라서 가능하면 자녀들의 욕구를 찾아내고 그에 응하는 대화를 많이 하도록 하자. 자녀와 길게 대화할 수 없는 경우에는 더욱 그렇다.

간혹 부모가 자녀의 욕구를 잘못 읽어 낼 수도 있다. 그렇다고 크게 걱정할 일은 아니다. 부모가 틀린 해석을 하면 아이들이 곧바로 수정해 줄 것이기 때문이다. 다만 마치 '내가 네 속을 빤히 들여다보고 있다.'는 식의 심리 분석은 역효과를 낸다는 사실도 알아야 한다. 자녀의 욕구에 초점을 맞추는 이유는 대화를 통해 서로 욕구를 충족시키고 만족을 얻으려는 것이지 자녀를 비난하려는 것이 아니라는 점을 명심해야 한다.

셋째, 포용심을 키우자. 포용심과 깊이 들어주기는 밀접하게 연관 되어있다. 포용심이 적으면 자신과 다른 의견에 접할 때 쉽게 흔들리고 오래 듣지 못한다. 자녀들과 대화할 때도 마찬가지다. 자녀들의 이야기를 들으면서 마음에 걸리는 게 많으면 자꾸 말을 끊고 참견하게 되는데, 이렇게 되면 깊은 대화를 이어가기가 어려울뿐더러 아이들이 대화 자체를 회피한다. 그러므로 부모는 포용심을 키워야 한다. 포용심을 키우기 위한 두 가지 좋은 방법이 있다.

하나는 절대적 사고를 유연하게 바꾸는 훈련이다. 절대적 사고란 어떤 기준을 세워놓고 죽기 살기로 그 기준을 지키려는 사고를 말한다. '~가 아니면 안 돼.', '애들은 반드시 ~해야 해.'

라고 생각하는 것이다. 이 절대적 사고를 '~하면 좋겠지만 그렇지 않을 수도 있지.', '애들이라고 해서 꼭 ~하지 않을 수도 있어.'라고 보다 유연하게 바꾸면 마음이 편해지고 자녀들을 대하는 태도도 부드러워진다.

또 하나는 생각의 차이와 다름을 인정하고 존중하는 것이다. 나와 다른 의견은 그냥 다른 의견일 따름이다. 자녀들이 나와 다른 의견, 다른 생각을 가지고 있다고 해서 반드시 나쁜 것도 아니고 틀린 것도 아니다. 마치 우리 얼굴이 다 다르듯 생각과 의견에 차이가 있는 것은 너무나 당연하다. 따라서 자신이 은연중에 지니고 있는 '우리 아들은 나와 같아야 해.'라는 생각을 '나와 달리 저렇게 행동하는 것이 바로 우리 아들의 특성이야.' 하고 대범하게 받아들이는 습관을 키워 나간다.

두 가지 방법 모두 처음에는 실행하기 어렵겠지만 마음에 두고 연습을 반복하다보면 어느새 익숙해질 것이다.

참고문헌 | 황영선(1998). **황희의 생애와 사상.** 서울: 국학자료원.

7.
최고의 멘토는
아버지다

시대를 넘어선 멘토 연암 박지원

가정은 생활 공간이면서 동시에 학습의 장이다. 가정에 태어나는 순간부터 우리는 끊임없이 무엇인가를 배운다. 이 배움이 있기에 우리는 성장하고 발전할 수 있다. 그런데 가정에서 일어나는 배움은 대부분 자연 발생적이라는 특징이 있어서 특별한 계획이나 의도가 개입되지 않은 채 그냥 배우게 된다. 예를 들어, 자녀는 부모의 부부싸움을 보면서 갈등을 표현하고 조절하고 해결하는 방법을 자연스럽게 학습한다. 학습이라는 관점에서 보면 가정에서 일어나는 모든 일은 다 학습 자료에 해당한다.

가정에서 일어나는 학습은 그 영향력이 막강하다. 자의식이 형성되기 이전부터 시작되어서 삶의 모든 분야에 걸쳐 장기간 일관성을 띠고 반복될 뿐 아니라, 감정적으로 깊이 얽혀 있는 일차 집단에서 일어나는 학습이기 때문이다. 가정 교육이 사람을 만든다는 말은 결코 과장이 아니다. 사정이 이러하므로 가정을 꾸려가는 부모는 자신들이 원하든 원하지 않든 자녀들을 학습시키는 교사이며 멘토라는 사실을 명심해야 한다. 자녀들을 잘 키우고 싶은가? 그렇다면 부모가 훌륭한 멘토 역할을 담당해야 한다. 부모가 어긋나게 살면서 자식들이 반듯하게 자라기를 바라는 것은 무모한 욕심이다. 부모가 불가불 자식의 삶에 관여할 수밖에 없는 멘토 역할을 감당해야 한다면 기왕이면 좋은 멘토, 훌륭한 멘토로 남아야 한다.

사람으로서 마땅히 지켜야 할 도리를 지키다

연암 박지원(1737~1805)은 조선 후기에 실학사상을 주도하고 새로운 글쓰기를 주창한 대문장가다. 그는 명문가의 후예였지만 과거 시험에 뜻을 두지 않고 학문과 저술에 온힘을 쏟았으며, 나이 50이 넘은 나이에 벼슬길에 나아가 안의현감, 면천군수, 양양부사를 지낸 바 있다. 우리가 잘 아는 『열하일기』, 『양반전』, 『허생전』 등은 모두 그의 대표적 작품들이다. 연암은 종의, 종채 두 아들을 두었는데 종채는 경산현령을 지낸 바 있으며, 종채의 아들 박규수는 우의정의 자리까지 올랐다. 아들 종채는 아버지 연암의 행적을 다룬 『과정록』을 저술하기도 했다.

멘토는 '선도자' 또는 '좋은 조언자'라는 의미다. 따라서 멘토 역할을 한다는 말은 인생의 선배로서 다른 사람에게 세상을 살아가는 데 도움이 될 만한 좋은 충고와 조언을 해 준다는 뜻이다. 멘토 역할을 잘하려면 삶에 대한 경험과 지혜가 풍부해야 할 뿐 아니라 멘티가 되는 사람의 발달 수준을 잘 파악하고 있어야 한다. 그래야 멘티가 효과적으로 활용할 수 있는 맞춤형 조언을 해 줄 수 있기 때문이다.

『과정록』에 기록된 연암의 행적에서 자녀들의 발달 단계를 따라가며 맞춤형 조언을 해 주는 상황은 별로 발견되지 않는다. 하지만 아들 종채의 눈에는 아버지 연암의 말과 행동은 전체가 커다란 감동이었다. 달리 말하면, 아버지의 삶 전체가 하나의 모범으로서 언제나 배우고 싶은 멘토로 작용했다는 말이다. 아들 종채가 아버지의 삶 어느 대목에서 감동했는지, 그리고 어떤 점을 배웠을지 몇 가지 갈래로 나누어 살펴보자.

연암은 틈이 날 때마다 자녀들에게 사람답게 살아가는 도리에 대해 말하고 있는데, 그중에서도 '의리'에 대해 남다른 태도를 취했다. 그는 자녀들에게 사사로운 이해관계가 아니라 의리(義理: 사람으로서 마땅히 해야 할 도리)에 따라 살라고 강조한다. 그에 의하면 의리는 사람의 본성에 뚜렷이 박혀 있을 뿐 아니라 누구나 그에 따라 삶을 영위할 수 있는 큰 도(道)이며, 길이다. 따라서 의리를 기준으로 하면 세상의 옳음과 그름, 정의와 사악함, 음과 양, 흑과 백을 명확하게 구별할 수 있다. 반면, 세속의 사사로운 이해에 빠지면 눈이 가려져서 의리를 알지 못하게 되고 결국 타락의 길로 들어서게 된다. 그러므로 떳떳하고 당당하게 세상을 살아가기 위해서 이익을 추구하지 말고 의리를 지키라고 자녀들에게 강력하게 권고하였다. 그렇다면 연암은 의리를 중시하는 삶을 자녀들에게 어떻게 보여 주었을까?

나의 형님께서 성균관 시험에 응시하려 한 지 여러 해였다. 갑인 을묘년(1794~1795) 사이에 강산 이공이 성균관장으로 계셨다. 당시의 중론은 만일 이공이 겨울에 실시하는 시험을 주관한다면 반드시 형님을 합격시키리라는 것이었다. 당시 아버지는 안의현감으로 계셨는데, 형님에게 이런 내용의 편지를 보내셨다.

"내가 성균관장과 친밀한 사이임은 세상이 다 아는 바다. 친밀한 사람이 주관하는 시험에 합격하는 것은 영광스런 일이 못 될뿐더러 시험을 주관하는 사람에게도 누를 끼치는 일이다. 그러니 응시하지 않는 게 좋겠다."

아버지는 관직을 맡아 사사로운 이익을 도모한 적이 없었다. 무신년 섣달 도목정사 때 아버지는 선공감 감역의 임기를 6일 남겨놓고 있었다. 이조의 서리는 아버지더러 임기가 다 끝나 이번 승진 대상에 해당하는 것으로 이조에 보고하라면서, "날짜 수가 며칠 모자라긴 하나 관례상 조금 융통성이 있습지요."

라고 말했다. 그러나 아버지는 "내가 평소에 한 번도 구차한
짓을 한 적이 없다. 보고하지 마라."고 하셨다. 당시 전관으로
있던 분 또한 아버지의 나이가 많은 것을 동정하여 아버지를
돕고자 했던 바, 그 서리와 생각이 똑같았다. 그러나 아버지는
그렇게 하려고 하지 않으셨다. 전관이 아버지의 말을 전해 듣
고 탄복해 이렇게 말했다고 한다.

"날이 저물어 갈 길이 멀면 누군들 마음이 급하지 않겠는가.
그렇건만 평소 자신의 삶의 원칙을 이토록 지키다니!"

아버지는 다음 해 6월에야 비로소 승진하셨다.

친한 친구가 성균관장으로 있을 때 맏아들이 시험을 치르는
일, 승진을 위하여 날짜를 속이고 관을 기만하는 일은 마땅한 도
리를 어지럽히고 사사로운 이해관계를 앞세우는 행동으로 결코
용납할 수 없다는 단호한 태도를 엿볼 수 있다.

의리를 특별히 중시하는 연암의 눈에 벼슬길로 나아가는 수단
인 과거시험은 그다지 매력 있게 보이지 않았을 것이다. 실제로
연암은 과거시험을 스스로 포기하였을 뿐 아니라 아들들에게도
과거 공부에 연연하지 말라고 당부하고 있다. 둘째 아들에게 보
낸 편지에서 '모름지기 수양을 잘 해 마음이 넓고 뜻이 원대한 사
람이 되고 과거 공부나 하는 쩨쩨한 선비가 되지 말았으면 한다.'
는 문구는 과거 공부조차 사사로운 이익이 아니라 의리를 지향해
야 한다는 생각을 잘 말해 준다. 연암이 나중에 관직에 들어선 것

은 과거시험이 아니라 '음서' 라는 특채 형식을 통해서다.

언제나 진심으로 친구를 대하다

　연암은 중년에 이르러 친밀하게 교유하는 친구의 폭을 줄였지만 젊은 시절에는 많은 친구와 어울리며 여러 가지 에피소드를 만들어 냈다. 이 에피소드들 속에는 친구를 사귀는 소중한 원리가 들어 있다. 아들 박종채가 기록한 일화를 살펴보자.

　참봉 이광려는 문장이 빼어나고 인품이 훌륭한 선비다. 아버지께서 평계에 거처하실 때다. 하루는 지계공과 함께 인근 거리를 지나다가 어느 집 사립문 안에 조그만 수레가 있는 것을 발견하셨다. 만든 솜씨가 자못 정교하여 다가가서 살펴보고 있었다. 그때 그 집 주인이 마루에서 내려와 웃으며 맞이하면서, "그대는 혹 박연암 아니시오? 나는 이광려외다."라고 했다. 대청에 올라 자리에 앉자마자 두 분은 문장에 대해 토론하였다. 아버지는 이공에게 이렇게 물었다.

　"그대는 평생 독서하셨는데 아는 글자가 몇 자나 되지요?"

　그 자리에 있던 사람들이 모두 깜짝 놀라며 마음속으로 비웃었다.

　'이공이 글을 잘 하고 박식한 선비란 걸 누가 모른단 말인가!'

이공은 한참 생각하더니 말했다.

"겨우 서른 자 남짓 아는 것 같군요."

좌중의 사람들이 또 한 번 깜짝 놀랐지만, 그 말이 무슨 뜻인지는 알지 못했다. 이공은 이 한마디 말로 단박에 아버지와 지기가 되어 이후 자주 찾아왔다. 그리고 새로 지은 시문이 있으면 반드시 소매에 넣어 가지고 와서 아버지의 평을 청하였다. 또 아버지가 찾아가면 매번 손을 깨끗이 씻은 다음 그 철에 나는 과일을 상에 차려 대접하며, "이는 귀한 손님을 대접하는 예법이지요." 라고 하였다.

두 분은 하루 종일 담소하고 변론해도 당론이 다른 점에 대해서는 한마디도 언급하지 않았다.

이 일화는 진정성과 솔직성을 가지고 친구를 대하는 태도를 말하고 있다. 친구 관계는 기본적으로 신뢰가 바탕이 되어야 하는데 이 신뢰를 쌓아 가려면 무엇보다도 서로에게 진정어리고 솔직한 태도를 보이는 게 좋다. 이공에게 다짜고짜 학문의 깊이를 묻는 연암, 그 질문의 진정성을 믿고 자신의 학문을 돌아보며 솔직하게 대답한 이공은 친구 사이의 대화가 어떠해야 하는지를 잘 보여 준다. 하지만 때로 친구 사이에 의견이 다를 때가 있다. 연암과 이공은 당론이 다른 점에 대해서 한마디도 언급하지 않았다고 했는데, 그렇다면 친구 사이에 이견이 있을 법한 주제는 아예 피해야 하는 걸까? 꼭 그렇지만은 않다.

아버지께서 강가의 정자에 계실 때다. 아버지의 삼종형이신 좌원과 우원 형제분들 및 이공 양회가 자리를 함께하셨다. 이분들은 모두 소론을 주장하는 집안이었지만 (노론인) 아버지와 정분이 퍽 두터웠다. 그런데 담소 중에 당론과 관계되는 말이 나와 주장이 서로 어긋나자 아버지는 정색을 하며, "그럼 오늘 한번 옳고 그름을 따져 봅시다."라고 하시며 토론을 시작하셨다.

이들은 이 주제를 가지고 무려 사흘 밤낮 동안 논쟁을 벌였다. 여기서 주목할 점은 이렇게 서로 다른 당론을 가지고 치열하게 논쟁을 벌였음에도 불구하고 이들의 우정이 조금도 깨지지 않고 지속되었다는 사실이다. 아마 서로의 주장에서 나타나는 차이와 다름을 있는 그대로 인정하고 존중하는 자세를 취했기 때문일 것이다. 만일, 한쪽에서 다른 쪽의 주장을 무시하거나 또는 억지를 써서 자기주장을 관철하려고 했다면 이들의 우정이 지속되기는 어려웠을 것이다.

하지만 차이와 다름을 마냥 존중하고 수용하기 어려운 경우가 있다. 벗이 친구 사이의 예를 어기며 거칠고 경솔하게 굴 때 말이다. 연암은 이럴 때 어떻게 했을까?

박천군수를 지낸 백동수는 아버지와 동갑(실제로는 백동수가 연암보다 일곱 살 연하)인데, 힘이 몹시 세고 몸이 매우 날랬으며 담력과 지략이 있었다. 예를 갖춰 아버지를 섬기기를 마치 비장이 장수를 섬기듯 하여, 어려운 일이든 궂은일이든 좋은 일이든 조금도 수고를 아끼지 않았다. 하루는 어디서 잔뜩 취해 갖고 와서는 아버지 앞에서 술주정을 했다. 아버지는 "자네 소행이 무례하니 볼기를 맞아야겠다."고 말씀하시더니 판자때 기로 볼기짝 열 대를 쳐서 그 거칠고 경솔함을 나무랐다. 백군은 처음에 장난으로 그러시는 줄 여겼는데 나중에 그것이 꾸지람인 줄 알게 되었다. 이 일이 있고나서부터 백군은 감히 다시는 술을 마신 채 아버지를 뵙지 않았으며, 사람들에게 "내가 언젠가 연암공의 책망을 들은 적이 있소이다."라고 말했다 한다.

만일 연암이 백동수를 친구로 사귈 만한 가치가 없다고 여겼다면 볼기짝을 치지 않았을 것이다. 다음부터 교유를 중지하면 그만이기 때문이다. 백동수가 그만큼 소중하고 또 앞으로도 계속 사귀어야 할 친구였으므로 연암은 매를 들어 친구의 잘못을 경계하였고 백동수 역시 이를 기꺼이 받아들인 것 같다. 서로를 위하는 마음이 지극한 친구들이라면 친구가 잘못된 길을 갈 때 이렇게 적극 개입할 수도 있을 것이다.

친구를 깊이 사귀고 진심으로 대할 줄 알았던 연암은 친구들을 마음에 품고 오래도록 잊지 못했다. 그리하여 친구들의 죽음을 슬퍼하는 글을 짓기도 하고 꿈에서 친구들을 만나기도 했다.

아버지가 안의현감으로 계실 때다. 하루는 낮잠을 주무시고 일어나 슬픈 표정으로 아랫사람에게 분부하셨다.

"대나무 숲 속 그윽하고 고요한 곳을 깨끗이 쓸어 자리를 마련하고 술 한 동이와 고기, 생선, 과일, 포를 갖추어 성대한 술자리를 차리도록 하라!"

아버지는 평복 차림으로 그곳에 가셔서 몸소 술잔에 술을 가득 따라 올리신 후 아무 말씀도 하지 않으시고 한참을 앉아 계시다가 서글픈 기색으로 일어나셨다. 그리고 상 위에 차린 음식을 거두어서 아전과 하인들에게 나누어 주게 하셨다. 나는 마음속으로 이상하게 생각하여 뒤에 가만히 여쭈어 보았다. 아버지는 이렇게 대답하셨다.

"접때 꿈에 한양성 서쪽의 옛 친구들 몇이 날 찾아와 말하기를 '자네, 산수 좋은 고을의 원이 되었는데 왜 술자리를 벌여 우리를 대접하지 않는가?' 라고 하더구나. 꿈에서 깨어 가만히 생각해 보니 모두 이미 죽은 자들이었다. 마음이 서글프더구나. 그래서 상을 차려 술을 올렸다. 그러나 이는 예법에 없는 일이고 다만 그러고 싶어서 했을 뿐이니, 어디다 할 말은 아니다."

연암이 친구를 아끼는 마음은 그대로 친구들이 연암을 아끼는 마음으로 이어진다. 그리하여 연암의 친구들은 연암이 곤경에 처할 때 물심양면으로 도움을 아끼지 않았다. 일찍부터 연암과 가까이 지내던 유언호와 홍대용은, 일정한 수입처가 없어 곤궁하게 지내는 연암을 위하여 경제적 지원을 하곤 했다. 다음과 같은 일화도 있다.

무신년 봄, 우리 집안은 온 식구가 성홍열에 걸려 나의 큰누이와 형수가 차례로 돌아가셨으며, 형님도 위독한 상태였다. 집에 드나들던 의원은 병이 옮을까 두려워 숨어서 나타나지 않았다. 그 의원은 본래 이공 양회의 집안사람이었다. 이공은 그 사실을 전해 듣고 몸소 우리 집으로 와서 그 의원을 불러다가 야단을 치고는 약을 구해 치료하게 하였다. 그 덕택에 형님 병이 나았다. 이 일이 있은 후 이공은 사람들에게 이런 말을 했다 한다.
"내가 만년에 연암을 만나 흉금을 터놓는 사이가 되었거늘 그 집안의 우환을 내 어찌 가만히 앉아 보고만 있겠소?"

모르긴 몰라도 아버지의 친구 사귀는 비법을 생생하게 목격한 아들 종채 역시 좋은 벗들과 깊은 우정을 누리며 살았을 것이다.

모든 사람을 진심으로 대하다

50세에 시작된 연암의 벼슬살이는 다양한 사건과 이야기로 가득하다. 특히 고을 원으로서 부하와 백성들을 상대하고 쉽지 않은 업무를 창의적으로 해결해 가는 방식은 오늘날에도 배울 바가 많다. 이렇게 배운 지식들은 아들 박종채가 경산현령을 지낼 때 많은 참고가 되었을 것이다.

연암은 고을 원으로 있을 때 아랫사람에게 매를 때리는 것을 좋아하지 않았다. 부득이 곤장을 쳐야 할 경우에는 곤장질이 끝난 후 반드시 사람을 보내 그 맞은 곳을 주물러 멍을 풀어 주게 했다. 그렇다면 연암은 매 때리기 대신 어떤 방법을 사용했을까?

양양은 바닷가 후미진 고을이었으므로 곡식 장부가 그리 많지 않았다. 그러나 아전들이 곡식을 훔치고 빼돌리는 탓에 관가의 창고에는 곡식이 한 톨도 남아 있지 않았다. 환곡의 방출과 수납을 기록한 장부는 전부 허위였다. 고을 원이 아전들에게 포흠(관청의 물건을 사사로이 써 버림)을 갚으라고 하면 아전들은 그때마다 달아나겠다고 위협했다.

아버지는 마침내 공무를 일체 돌보지 않고 조그만 방에 거처하시면서 이렇게 말씀하셨다.

"아전들이 빼돌린 곡식을 도로 회수하지 못한다면 한 고을을 다스리는 수령으로 자처할 수 없다."

얼마 후 아버지는 당신의 녹봉을 떼어 아전들에게 주며 이렇게 말씀하였다.

"직무를 수행하지 않으면서 녹봉을 받는다는 것은 부끄러운

일이다. 너희가 각자 따로 포흠을 갚고자 한다면 끝내 갚지 못
할 것이다. 하지만 누가 많이 내고 누가 적게 내는가를 따지지
말고 힘을 모아 나간다면 티끌 모아 태산이 될 것이다. 내가 낸
이것을 그 시작으로 삼았으면 한다."

이에 아전들이 모여 서로 의논하였다.

"원님이 포흠을 갚는다는 말은 일찍이 들어본 적이 없다. 이
러고도 우리가 포흠을 갚지 않는다면 원님을 뵐 면목이 없다."

마침내 아전들은 갖고 있던 물건을 팔아 포흠을 갚아 나갔
다. 고을의 부유한 백성들도 혹 자신의 재물을 덜어 도와주었
다. 그러자 몇 달이 채 안 되어 관가의 곡식 창고가 모두 채워
지게 되었다. 아버지는 그제야 동헌에 나와 공무를 보셨다.

연암이 여기서 사용한 방법은 한마디로 감동법이다. 자신은
아무 잘못이 없는데도 봉급을 스스럼없이 내놓으며 부하 직원들
의 빚을 갚아 가는 본을 보이므로 아전들이 감동한 것이다. 이렇
게 아랫사람들이 마음으로 감동하면서 따르게 되면 윗사람 노릇
하기가 한결 수월해진다.

연암은 감동법과 더불어 타일러 깨우치는 설득법도 활용하였
다. 여기서 설득법은 상대방이 마음을 돌릴 때까지 끈질기게 물
고 늘어져 마음을 움직이는 방법을 말한다. 연암이 면천군수로
있을 때 이야기다.

아버지가 면천에 처음 부임하셨을 때는 천주교를 믿는 사람을 적발하면 중죄인을 다스리는 곤장으로 호되게 내리치게 하였다. 그러나 곤장을 맞는 자들은 마치 목석처럼 눈썹도 까딱하지 않았으며 조금도 신음소리를 내지 않았다. 천주교에 물든 자들은 모두 똑같았다. 아버지는 '형벌로 안 되니 어쩌면 좋지?'라며 몹시 걱정하셨다. 그리하여 타일러 깨우치는 방법을 쓰기 시작했다. 매일 밤 근무를 마치신 후 대청 아래에 불러 앉혀 반복해서 타이르셨는데, 처음에는 그저 "예, 예" 하기만 할 뿐 귀담아 들으려 하지 않았다. 그러나 깨우쳐 말씀하시기를 그치지 않자 그제야 대답을 하였다. 꼭 처음부터 바로 깨닫는 것은 아니었으나 마음이 격동되어 조금 입을 열기 시작하면 그 말의 실마리를 좇아 묻고 타이르고 이끌고 설명하기를 반복하여 깨달아 뉘우치게 되면 눈물을 줄줄 흘리지 않는 이가 없었다. 아버지는 그들의 이런 모습을 보고서야 깊이 뉘우친다고 생각하셨으며, 비로소 그들이 자신의 잘못을 분명히 깨달았다고 믿으셨다. ……(중략)…… 아아, 형벌이 혹독하건만 굳게 견디 꿈쩍도 않던 자가 단 한마디 타이르시는 말에 깊이 뉘우쳐 눈물을 흘리다니! 참된 학문이 아니라면 어찌 이미 깊이 미혹된 자를 이토록 빨리 깨우쳐서 바른 데로 돌아가게 할 수 있겠는가? 내가 당시 아버지를 모시고 있어서 그 시말을 직접 목도했으므로 이 일을 퍽 자세하게 알고 있다(실제로 나중에 면천군에서는 천주교도로 인한 탈이 없었다고 보고되었다).

감동법과 설득법은 상대방의 마음을 사로잡아 문제를 해결하는 부드러운 방법이다. 이와 더불어 연암은 심리의 움직임을 간파하여 문제 사태를 해결하는 심리적 접근을 활용하기도 하였다.

안의현(경상남도 함양)은 아전들이 대단히 교활하고 간사하여, 매번 수령이 새로 부임할 때마다 익명으로 투서하여 서로의 비리를 들추어내곤 하였다. 어느 날 아버지는 자리 밑에 웬 편지가 삐죽이 나와 있는 것을 발견했다. 아버지는 대수롭지 않게 여기며 그냥 내버려 두셨다. 그러자 한참 있다가 저절로 없어졌다. 그 후 어느 날 아버지는 동헌에 나와 앉아 통인(수령의 잔심부름을 하는 구실아치) 아무개를 내쫓으라고 분부를 내리셨다. 그러나 아전들은 그 통인이 무슨 죄를 지었기에 그러는지 영문을 몰랐다. 아전들이 물러나 그 통인에게 캐물으니, 그는 곧 지난번에 익명으로 투서한 자였다. 그 후 또 어떤 자가 관아의 뜰에다 투서한 일이 발생했다. 아버지는 그 편지를 아예 뜯어보지도 않고 불 속에 던져 버렸다. 아버지는 며칠 뒤 아전 아무개를 잡아들이라 하여 매를 때려 내쫓아 버렸는데, 곧 뜰에 투서한 자였다. 아전들이 깜짝 놀라 '귀신같다'고 여겼다. 그 후 아전들의 이런 짓이 근절되었다.

안의읍내에는 본래 좀도둑이 많았다. 하루는 관아 안채에 도둑이 들었다. 아버지는 급히 분부하셨다.

“군기고의 마름쇠(전쟁 중에 적이 들어오는 길목에 뿌려 그 침입을 저지하는 데 쓰는 무기)를 가져오너라!”

또 이렇게 분부하셨다.

“대장장이로 하여금 마름쇠를 많이 만들어 들여보내게 하라!”

마름쇠를 가져오자 집안사람들은 그것을 담장 밑에 쭉 깔자고 했다. 아버지는 이렇게 말씀하셨다.

“꼭 깔 것까지는 없다. 도둑에게 들으라고 한 말이니까.”

이로부터 관아 부근에는 좀도둑이 싹 사라졌다. 이런 일들은 종종 우스개로 전해지고 있다.

이 밖에도 연암은 창의성 넘치는 다양한 방법을 활용하여 사람들을 다스리며 고을에서 발생하는 문제를 해결하였다. 연암이 임기를 마치고 근무지를 떠날 때마다 고을 백성이 앞장서 송공비를 세우려 하였고, 대를 물려가며 그를 기억하고 고마워했다는 아들 종채의 기록이 과장이 아님을 알 수 있다.

일을 할 때는 유능한 모습을 보여라

앞의 사람 다루기와 상당 부분 중첩되지만 공적 업무를 처리하는 과정에서 연암이 보인 합리성과 창의성을 더듬어 보자. 이 역시 아들들에게 커다란 영향을 주었을 것이다.

연암은 고을 원으로서 일을 제대로 수행하려면 부하와 백성의 마음을 사로잡아야 한다는 점을 잘 알고 있었다. 연암은 그 첫걸음으로 업무에 임하는 부임 원의 자세가 중요하다고 보았다.

아버지께서 한번은 이런 말씀을 하셨다.

"고을 원으로 있는 사람은 비록 내일 당장 그만두고 떠날지라도, 늘 100년 동안 있으면서 그 고을을 다스린다는 마음가짐을 가져야 한다. 그런 다음에야 백성을 안정시키고 정사를 펼 수 있다. 매양 고을살이 하는 사람들은 고을살이를 마치 여관에서 하룻밤 자는 정도로 간주하고 있다. 그러니 아전이나 백성이 '우리 원님은 얼마 안 있어 떠나실 걸.' 하고 생각하는 게 당연하다. 이 때문에 윗사람은 억지로 전례를 답습해 정사를 할 뿐이고, 아랫사람은 임시방편으로 적당히 넘어가려 한다. 이래가지고서야 어찌 백성에게 선정을 펼 수 있겠느냐? 그러나 고을 원 자리를 연연해서도 안 되니, 뜻에 맞지 않는 바가 있으면 헌신짝 버리듯 흔쾌히 그만두어야 한다."

안의에 계신 아버지를 방문했다가 서울로 돌아온 분이 있었다. 누군가 그 분에게 아버지가 고을 원으로서 어떻게 정사를 펴고 있는지 물어보았다. 그 분은 이렇게 대답했다.

"연암이 고을 원으로 근무하는 방식은 그 의도를 짐작할 수가 없습디다. 한편으로는 후임자에게 넘겨 줄 문서를 정리하면서도 다른 한편으로는 나무와 과실을 심고 있으니 나로서는 도저히 알 수 없는 일입니다."

이 말이 전파되어 사람들이 웃었다.

이런 자세를 바탕으로 연암은 고을 원으로 근무하면서 여러 가지 실제적인 정책을 펼쳐나간다. 특히 그는 살아가는 데 고통을 주는 여러 문제에 관심을 가지고 혁신 방안을 구상하였다. 연암은 균전법, 사창제, 관리등용법, 관리평가법, 군사제도, 해양방위, 도량형 통일문제, 노비문제, 환곡문제, 서얼문제, 토지문제 등 국가적인 차원에서 다루어야 할 문제뿐 아니라 부역, 구휼, 수레 만들기와 벽돌 굽기 등 당장 고을 원이 처한 현실에서 다루어야 할 문제를 고민하며 새로운 방안을 내놓았다. 백성에게 큰 부담이 되었던 부역 문제를 해결한 다음 일화는 '실사구시'를 통해 현실 문제를 합리적으로 해결해 가는 실학자 연암의 면모를 잘 드러낸다.

함양군은 안의현에서 40리 거리다. 함양읍내 부근의 지형이 낮아서 여름 장마를 한번 겪으면 둑이 터져 해마다 둑을 다시 쌓았다. 그때마다 이웃 고을의 장정들까지 함께 징발했다. 그러나 그들을 제대로 통솔할 수 없었다. 게다가 각자 먹을 식량을 싸들고 오게 하여 일하고 쉬는 것을 각자에게 맡겨 두었으므로 여러 날이 지나도록 일에 진척이 없었다. 아버지께서 부

임하신 초기에 또다시 둑 쌓는 일이 생겨 500여 명을 징발해야
했다. 아버지는 사전에 장정들에게 이렇게 다짐했다.

"대오가 없으면 힘이 하나로 모아지지 않는다. 또 각자 식량
을 준비하게 하면 어떤 사람은 배불리 먹고 어떤 사람은 굶주
리게 된다. 둑 쌓는 일이 지체되고 쌓은 둑이 견고하지 못한 것
은 이 때문이다."

그러고는 각자 종이를 바른 작은 대나무 조각을 몸에 꽂게
하여 자신이 속한 대오의 표지를 삼게 하였다. 그렇게 하니 다
섯이면 다섯, 열이면 열씩 대오가 갖추어져 혼란스럽지 않았
다. 아버지는 몸소 맨 뒤에 따라가셨다. 아버지는 또 함양군수
와 이렇게 약속했다.

"이 고을 저 고을 장정들이 서로 뒤섞여 함께 일하기 때문에
열심히 하는 사람과 그렇지 않은 사람을 분간하기 어렵소이다.
그러니 서로 구역을 나누어 어디서부터 어디까지는 우리 고을
장정들에게 맡겨 주시오. 그리하여 그 담당한 구역의 둑이 온
전한가 무너지는가를 보아서 만일 무너진다고 한다면 한 해에
열 번 부역해도 원망하지 않겠소만, 만일 온전하다면 100년이
지나더라도 다시 우리 장정들을 동원하지 말기 바라오."

이에 관아의 주방에서 식량을 날라 와서 열 사람에 한 솥씩
배치하게 하였다. 그리고 아전과 장교들을 여기저기 분산시켜
밥 먹이는 일을 주관하게 하는 한편, 북을 치며 큰 소리로 일을
독려하게 하였다. 그렇게 하니 모든 장정이 일제히 일을 하여

흙과 돌이 순식간에 쌓였다. 달구질을 하고 발로 다지며 힘써 일하니, 아침 6시경에 시작하여 오후 4시경에 공사가 끝났다. 장정들이 모두 집합하여 일이 다 끝났다고 아뢰었다. 그때까지도 대오가 정연하였다. 장정들은 서로 기뻐하며 말했다.

"매번 이 일에 동원될 때마다 배고프고 목이 탔으며, 닷새나 엿새가 지나야 집에 돌아갈 수 있었다. 근데 오늘 공사는 어찌 이리도 빨리 끝났지!"

아버지께서 안의에 계셨던 5년 동안 다시는 이 일로 부역하는 일이 없었다.

항상 공부하는 모습을 보여라

연암은 스스로 자기 관리와 공부를 철저하게 했다. 예를 들어, 연암은 장기와 바둑을 둘 줄 알았지만 아들 종채에 따르면 실제 아버지가 이 놀이를 즐긴 것은 두어 번에 불과했고, 관아에서 공무를 보다가도 겨를이 생기면 늘 책을 챙겨 읽었으며, 심지어 산보하러 갈 때에도 종자에게 책을 들고 따라오게 하여 목적지에 이르면 책을 받아 펼쳐보곤 했다. 시간을 아껴 공부하는 습관이 몸에 배인 것인데 연암은 자녀들도 이렇게 할 것을 권했다.

나는 고을 일을 하는 틈틈이 한가로울 때면 수시로 글을 짓거나 혹 법첩을 놓고 글씨를 쓰기도 하거늘 너희는 해가 다 가도록 무슨 일을 하느냐? 나는 4년간 강목을 골똘히 봤다. 두어 번 두루 읽었지만 연로하여 책을 덮으면 문득 잊어버리는지라. 부득불 작은 초록 한 책을 만들지 않을 수 없었는데 그리 긴한 것은 아니다. 그렇지만 재주를 펴보고 싶어 그만둘 수가 없었다. 너희가 하는 일 없이 날을 보내고 어영부영 해를 보내는 걸 생각하면 어찌 애석하지 않겠나? 한창 때 이러면 노년에는 장차 어쩌려고 그러느냐? 웃을 일이다. 웃을 일이야.

모든 부모가 그러하듯 연암 역시 자식들에게 시간을 낭비하지 말고 열심히 공부하라고 편지를 보내 다그치고 있다. 하지만 연암은 여기서 그치지 않는다. '공부를 열심히 하라.'는 데에서 한 발짝 더 나아가 '공부를 어떻게 할 것인지'에 대한 충고를 잊지 않는다.

아버지는 우리에게 늘 다음과 같이 훈계하셨다.

"젊은이들이 정공부(고요히 앉아 심성을 수양하는 일)를 하느라 혼자 있는 것은 좋은 일이기는 하다. 그러나 고요히 혼자 있는 중에 사악하고 편벽된 기운이 끼어들기 쉬운 법이다. 혼자 독실하게 하는 공부가 있어 남이 안 보는 곳에서도 도리에 어긋난 일을 하지 않는다면 참으로 좋은 일이지만, 그렇지 못하다면 남들과 함께 거처하며 악의 싹을 미연에 막는 게 낫느니

라. 상고 시대 사람들이 젊은이들로 하여금 학교에 모여 공부하게 한 뜻은 단지 공부에 서로 도움을 주고자 해서만이 아니었다."

하지만 여럿이 어울려 공부를 하는 것만으로는 충분치 않다. 아무리 공부를 많이 해놓아도 세상 물정과 경험이 부족하면 십년공 부도 허사가 될 수 있다. 그러므로 개인 공부와 더불어 풍부한 세상 경험을 병행해야 한다.

또 다음과 같이 말씀하였다.

"젊은이들이 고요한 곳에 깊이 거처하여 물욕에 접하지 않을 때에는 그 마음이 밝고 기운이 맑으므로 도리에 맞게 행동할 수 있다고 스스로 생각한다. 그러나 시끌벅적하고 복잡한 상황에 처하면 왕왕 까마득히 자기 자신을 잃어버린 채 잘못되거나 어긋난 행동을 하는 사람이 있다. 그러니 세상 경험이 없어서는 안 된다. 옛날 만석이라는 중은 10년 동안 참선을 했지만 끝내 한 여자의 유혹을 뿌리치지 못해 무너지고 말았으니, 이 또한 세상 경험이 없던 탓이다."

한 가지 새겨둘 것은 여기서 다산이 말하는 공부는 출세를 위한 과거 공부가 아니라는 점이다. 다산이 말하는 공부와 학문은

"한 가지 일을 하더라고 분명하게 하고, 집을 한 채 짓더라도 제대로 지으며, 그릇을 하나 만들더라도 규모 있게 만들고, 물건을 하나 감식하더라도 식견을 갖추는 것이다." 그리하여 공부를 함으로써 헛된 출세욕을 키우려는 자세를 다음과 같이 경계한다.

나는 너희가 갑자기 과거에 합격해 출세하기를 바라지 않는다. 재주와 학문이 넉넉하지 않은데 세상일까지 복잡하면 혹 자신의 본분을 지키지 못하게 되느니라. 내가 초년에 겪었던 일을 생각하면 두렵기만 하다. 과거야 뭇사람을 따라 응시해 볼 수도 있는 일이지만, 만약 과거를 단념했다고 해서 고상한 이름을 얻는다면 이 또한 기뻐할 일이 못된다.

아들 종채가 경산현령으로 관직 생활을 하게 된 계기도 과거 시험에 합격해서가 아니라 음서 제도를 통해서였다. 과거 공부를 별로 탐탁찮게 생각하는 아버지 연암의 지론이 영향을 주었을 법하다.

평생 웃음을 잃지 마라

연암은 유난히 풍자, 해학, 익살을 즐긴 사람이다. 연암이 남긴 작품들은 이것들로 가득 차 있다. 이를테면 무능하고 타락한 양반의 허위의식을 신랄하게 비판한 『양반전』에는 익살스런 표현과 교묘한 풍자가 많이 등장하여 배꼽을 잡게 한다. 연암의 작품 속에서 보이는 이 같은 유머 의식은 자신의 별명을 '껄껄 선생'이라고 지어도 좋다고 말하는 그의 낙천적 인생관에 뿌리를 두고 있다.

연암의 유머 감각은 작품을 쓰는 데서 그치지 않는다. 그는 고을 원으로 사람을 다스릴 때도, 갈등을 일으키는 난처한 상황에 처했을 때도, 제자들에게 가르침을 베풀 때에도 유머와 우스갯소리를 잘 활용하였다. 예법과 원칙을 따르며 자칫 경직되기 쉬운 상황을 웃음으로 녹일 줄 알았던 것이다.

아버지는 일을 처리함에 큰 원칙이나 법도와 관련된 경우에는 한결같이 그 규정을 엄격히 지키셨으며, 비록 윗사람이라 할지라도 시시비비를 분명히 하셨다. 그러나 그리 중요하지 않은 일인데도 혹 서로 의견이 일치하지 않거나 청탁이 많이 들어와 말하고 상대하는 데 힘은 들면서도 일을 매듭짓기 어려운 경우에는 문득 우스갯소리를 하여 상황을 완화시킴으로써 분란을 풀곤 하셨다. 그래서 그때마다 일이 해결되지 않은 적이 없었으며, 사람들 또한 언짢게 여기지 않았다. 송원 김이도는 늘 사람들에게 이렇게 말했다고 한다.

"연암처럼 매서운 기상과 준엄한 성격을 지닌 사람이 만일 우스갯소리를 해대며 적당히 얼버무리지 않았다면 아마 지금 세상에 위태로움을 면하기 어려웠을 게야."

한 때 면천에 있던 연암 곁에서 귀양살이를 하던 지산 유화는 나중에 연암의 가르침을 이렇게 평했다.

"나의 식견은 면천에 유배갔을 때 크게 진전되었다. 연암 선생의 말씀은, 비단 책에 대해 토론할 때만이 아니라 지나가는 우스갯소리에도 모두 이치가 있었다."

또 이런 말도 했다.

"연암 선생이 사람을 깨우치고 계발하여 주는 방법은 대개 우스갯소리에 있으니, 풍류가 넘치고 재기가 번득여 사람을 놀라게 한다. 만약 선생의 속뜻을 모르고 그저 우스갯소리로만 듣는 사람은 앞뒤가 꽉 막힌 사람이라고 할 만하다."

이런 유머 감각은 지인들과 어울릴 때도, 백성을 다스릴 때도 그대로 활용된다.

아버지는 사람들이 지방 수령의 봉록을 화제로 삼아 어느 고을이 많고 어느 고을이 적다는 등 서로 비교하는 말을 하는 걸 들으시면 그저 잠자코 계셨다. 양양부사를 그만두고 돌아오신 후 이웃에 사는 여러 분과 자리를 함께하셨을 때다. 그분들은 이전에 자기가 다스리던 고을 봉록의 많고 적음에 대해 서로 이야기하다가 아버지더러 양양은 어떻더냐고 물었다. 아버지는 농담으로 이렇게 대꾸하셨다.

"1만2천 냥 받았소이다."

사람들은 깜짝 놀랐다.

"그게 정말이오?"

"그렇고말고요!"

그분들은 반신반의하며 어서 자세히 말해 보라고 성화였다. 아버지는 웃으며 이렇게 말씀하셨다.

"바다와 산의 빼어난 경치가 1만 냥 가치는 되고 녹봉이 2천 냥이니, 넉넉히 금강산 1만 2천 봉과 겨룰 만하지 않소!"

이 말에 좌중이 크게 웃었다.

이런 이야기도 있다.

읍에 사는 한 평민이 늘 사람을 때리고 욕설을 퍼부으며 술과 음식을 빼앗기를 밥 먹듯이 하였다. 매일 싸움질을 했으며, 어쩌다 관아에 끌려와 벌을 받으면 더욱 심하게 성깔을 부려 사람들은 모두 그를 두려워하고 피하면서 상대하려 들지 않았다. 하루는 아전 하나가 숨을 헐떡이며 엉금엉금 기면서 관아에 들어왔는데 손에는 커다란 몽둥이를 쥐고 있었다. 그는 이렇게 하소연하였다.

"아무개가 이 몽둥이를 갖고 소인을 때려죽이려 했사옵니다."

아버지는 웃으며,

"얼른 각수장이를 블러오라!"고 하셨다. 그리고 각수장이에게 시켜 그 몽둥이에다 다음 글을 새기도록 했다.

오호라, 이 큰 몽둥이

그 누가 만들었나?

아무개가 만들었지.

주정과 행패

너에게서 나왔으니

너에게로 돌아가야지.

이 이치는 피할 길 없으니

상해죄로 다스릴 일.

이 몽둥이 걸어 두게

저 마을 문 곁에다가.

회개하지 않는다면

함께 이 몽둥이로 때려 주세.

사또가 그걸 허락함을

이 글로 증명한다.

아전도 웃고 물러갔다. 아무개가 이 말을 전해 듣고 다시는 야료(까닭 없이 트집을 잡고 함부로 떠들어 댐.)를 부리지 않았다.

문장론과 글쓰기

　세상에 알려진 대로 연암은 조선 문학의 새로운 시대를 열어 간 대문장가다. 그는 약관 20대에 지은 작품들로 일찍부터 필명을 휘날렸으며 신선하고 창의적인 글쓰기로 사회적인 반향을 크게 일으켰다. 오죽하면 정조가 문풍을 어지럽힌다는 이유로 문체반정을 일으켜 연암식 글쓰기를 금지시켰을까! 이 정도 문장가라면 문장을 대하는 특별한 안목이 있음직하다.

　문장론은 단순히 문장론에 그치는 것이 아니라 '공부'하는 방법과 직결되어 있다. 문장론이 공부할 대상인 '글'을 다루기 때문이다. 그러므로 과거시험을 준비하든 아니면 자기 수양에 초점을 맞추든 공부를 업으로 삼아야 했던 사대부 양반 자제들에게 문장론은 아주 중요했다. 이런 점에서 연암은 아들들의 공부와 관련하여 더할 나위 없이 훌륭한 멘토 역할을 수행했다고 할 수 있다. 아들 박종채가 기록하고 있는 연암의 문장론부터 살펴보자.

　아버지께서 문장을 논하실 때면 늘 다음과 같은 말씀을 하셨다.

　"문장에 고문(옛날 글)과 금문(현재 글)의 구별이 있는 게 아니다. 자신의 문장이 한유와 구양수의 글을 모방하고 반고와 사마천의 글을 본떴다고 해서 우쭐하고 으스대면서 지금 사람을 하찮게 볼 것은 아니다. 중요한 것은 자기 자신의 글을 쓰는 것이다. 귀로 듣고 눈으로 본 바에 따라 그 형상과 소리를 곡진히 표현하고 그 정경을 고스란히 드러낼 수만 있다면 문장의 도는 그것으로 지극하다.”

그러니까 한마디로 말해 자신의 글을 써야 한다는 게 연암의 생각이다. 글은 모름지기 자신이 생각하고 느끼고 부딪치고 경험한 바를 진솔하게 드러낼 때 가치가 있다. 아무리 휘황찬란하게 옛날 사람들을 들먹거리고 다른 글을 인용해도 정작 글 쓰는 이의 경험과 뜻이 드러나지 않은 모방에 불과하다면 아무짝에도 쓸모가 없다.

진실로 이치를 담고 있다면 집안사람들이 일상적으로 사용하는 예삿말도 학교에서 가르칠 만하고, 동요나 속담도 이아(천문, 지리, 음악, 기재, 초목, 조수 등에 관한 고금의 문자를 설명한 책으로 중국 고대의 사전)에 수록될 만하다. 그러므로 문장이 훌륭하지 못한 것은 글자 탓이 아니다. 자구가 아름다운가 속된가 하는 것만 따지거나 한 편의 글이 고상한가 그렇지 못한가 하는 것만 문제삼는 자들은, 비유컨대 마음속에 아무런 계책도 없는 용기 없는 장수와 같아서 갑자기 글 제목을 대하면 우뚝 솟아 있는 견고한 성을 눈앞에 만난 것처럼 당황한다. 그러므로 글 짓는 사람의 걱정거리는 늘 스스로 길을 잃어 요령을 얻지 못하는 데 있다 할 것이다.

글 쓰는 일에 글 쓰는 이의 뜻과 경험 그리고 그에 대한 진술한 표현이 무엇보다 중요한 요소라면 천지만물 모든 것이 글감이 될 수 있다. 다시 말해, 글 쓰는 이의 마음에 부딪쳐와 감상을 일으키는 모든 것이 글감이 될 자격이 있다. 그리하여 연암은 "대체 이 천지 간에 흩어져 있는 것이 책의 정기가 아닌 것이 없다네. 바짝 눈앞에 들이대고 보아야만 할 것도 아니네……. 지극히 미미한 사물들, 이를테면 풀, 꽃, 새, 벌레와 같은 것도 모두 지극한 경지를 지니고 있다. 그러므로 이들에게서 하늘의 묘한 이치를 엿볼 수 있다."고 외치고 있다. 다음 문장은 연암의 이런 문장론을 시적으로 잘 표현하고 있다.

아침에 일어나보니 푸른 나무로 그늘진 뜰에 여름새들이 지지배배 울고 있더이다. 나는 부채를 들어 책상을 치며 이렇게 외쳤다오.
"저거야말로 '날아오고 날아온다.'는 문자이고, '서로 지저귀며 서로 화답하는' 글이로구나. 아름답게 빛나는 게 문장이라고 한다면 저보다 더 훌륭한 문장은 없을 터, 오늘 나는 글을 참 잘 읽었노라!"

연암은 진부한 표현에 대해서도 날카롭게 비판한다. 진부한 표현은 문장의 질과 글의 품격을 떨어뜨린다. 다른 사람들이 그렇게 하니까 하나마나 한 소리를 덧붙여 이어댄 진부한 표현은 글의 생동감을 빼앗을 따름이다. 그러므로 문장을 짓는 사람은 진부한 표현을 과감하게 떨쳐내라고 한다.

'다음과 같이 삼가 아뢴다.' 는 이른바 '우근진(右謹陳)' 이란 말은 진실로 속되고 더럽다. 유독 모르겠거니와 세상에 글 짓는 자를 어찌 손꼽아 헤일 수 있으리오만, 판에 찍은 듯이 모두 이 말을 먹지도 못할 음식을 주욱 늘어놓듯이 쓰니 공용 격식의 글머리나 말머리에 으레 쓰는 투의 말 되기에야 어찌 해가 되겠는가? (그러니까 쓰지 말자는 뜻)

연암은 자기가 펼친 문장론에 충실하게 글을 썼다. 소설 작품은 물론이요, 여행기, 수필, 편지글, 비문(비석에 새긴 글), 묘지(죽은 사람의 신분, 행적을 적은 글) 등이 다 그렇다. 아들 종태는 아버지의 글에 대해 다음과 같이 논평한다.

그러므로 아버지가 쓴 문장들은 착상이 독창적인 데다가 기운이 가득 차고 이치가 갖추어져 있었다. 비문이나 묘지는 생동감 있게 서술되어 그 사람의 목소리와 모습을 듣고 보는 듯하였으며, 편지글은 붓 가는 대로 썼으면서도 인정물태를 다 드러냈으니, 개성적인 글을 창조하여 진부한 말을 답습하지 않으셨다.

그러므로 아버지가 쓴 문장들은 착상이 독창적인 데다가 기운이 가득 차고 이치가 갖추어져 있었다. 비문이나 묘지는 생동감 있게 서술되어 그 사람의 목소리와 모습을 듣고 보는 듯하였으며, 편지글은 붓 가는 대로 썼으면서도 인정물태를 다 드러냈으니, 개성적인 글을 창조하여 진부한 말을 답습하지 않으셨다.

연암의 아들 종태가 아버지의 행적을 기록한 『과정록』 역시 연암의 문장론을 잘 이어받아서 그런지 연암의 살아 있을 때 모습을 생생하게 접하게 한다.

항상 책을 가까이 하라

연암은 글 읽기에 대해서도 남다른 관심을 가졌다. 그리하여 글 읽기의 가치, 글 읽는 태도, 글 읽는 목적, 글 읽기의 방법과 전략 등에 대해서 자세하게 언급하고 있다. 이 순서대로 연암이 독서에 대해 언급한 부분을 짧게 정리해 보자.

먼저, 글 읽기의 가치다. 연암은 군자의 아름다운 말에도 후회되는 바가 있고, 착한 행실에도 더러 허물이 있으며, 법과 윤리도 시간이 지나면 폐단이 생기고, 맛있는 고기도 많이 먹으면 해롭지만 유독 독서만은 아무리 많이 해도 뉘우침이나 허물이 생기지 않는다고 책 읽기의 가치를 극찬하였다. 독서는 어린이와 노인, 귀한 사람과 천한 사람, 지혜로운 사람과 미련한 사람 등 누구에게나 필요한 도움을 주는 생활의 양식이라는 점도 분명하게 짚고 있다.

이렇게 책 읽기의 가치를 알고 있는 사람은 마치 뜻은 어린아이와 같이 모습은 처녀와 같이 늘 글을 읽게 된다. 뜻이 어린아이와 같다는 말은 하고 싶은 일이 생기면 다른 데 일체 신경을 쓰지 않고 오로지 그 일에 몰입한다는 의미이며, 모습이 처녀와 같다는 말은 사모하는 마음으로 순수하고 일관되게 자기 뜻을 지킨다는 의미다. 따라서 책 읽기에 빠진 사람은 일체 다른 것에 관심을 두지 않은 채 깨끗하고 순결한 마음으로 늘 글에 매달려 산다. 연암의 눈에 진정한 선비는 바로 이런 태도로 글을 읽는 사람이다.

그렇다면 왜 글을 읽을까? 글 읽는 목적은 문장을 잘 쓰기 위해서도 아니요, 세상에 이름을 드날리기 위해서도 아니다. 글을 읽는 목적은 학문과 도를 잘 익혀서 실제 생활에 응용하기 위해서다. 그러니까 실용성이 없는 글 읽기는 허무한 시간 낭비일 따름이다. 이를테면 효제에 관한 글을 읽는 이유는 '부모에게 효도하고 형제와 친하게 지내라.' 는 개념을 파악하는 데서 그치지 않고 실제 생활 속에서 그렇게 하는 행동으로 표현되어야 한다. 책의 내용을 이해하고, 이해한 내용을 실제 생활에서 실천하는 전 과정이 모두 독서의 목적에 포함된다.

그렇다고 무턱대고 글을 읽으면 효율이 떨어진다. 그래서 연암은 친절하게 독서 전략을 안내한다. 책을 읽을 때는 미리 시간 계획을 짜 놓고, 정해진 분량을 적당한 속도로 읽되 하루도 빼놓지 않고 읽으며, 글의 의미를 깊이 새기며 반복해 읽음으로써 외우도록 한다. 한 부분이 정확하게 이해되면 그다음 순서를 정해서 같은 방법으로 읽어 나간다. 글자를 대할 때도 전략이 있다. 잘 아는 글자라고 소홀히 여기지 말고, 글자를 성의 없이 미끄러지듯 줄줄 읽지 말고, 글자를 읽을 때 더듬거리지 말며, 글자를 옆줄로 건너뛰어 읽지 않는다. 소리 내어 읽을 때에는 음을 바르게 읽고, 반드시 고저를 맞추고, 글 읽는 소리가 입에 머물되 엉겨 붙지 않게 하며, 눈으로 쫓되 흘려보지 말며, 몸은 흔들어도 어지럽지 않게 한다.

연암은 글 읽기에 대해 이 같은 주장을 하였을 뿐 아니라 자신이 글을 읽을 때 이 원칙을 철저하게 지켜나갔다. 연암의 처남으로서 일평생 연암의 지기 역할을 한 지계공 이재성이 연암의 책 읽기에 대해 평한 다음 글은 연암의 글 읽는 태도를 잘 보여 준다.

연암은 책을 매우 더디게 보아서 내가 서너 장 읽을 때 겨우 한 장밖에 못 읽었다. 또 암기 능력도 나보다 조금 못한 것 같았다. 그렇지만 읽은 글에 대해 이리저리 논하거나 그 장점과 단점을 말할 때에는 엄격한 관리가 옥사를 처결할 때처럼 조금도 빈틈이 없었다. 그제야 나는 공이 책을 느리게 보는 것이 철저하게 읽기 때문이라는 것을 알았다.

지금까지 글 쓰기와 글 읽기에 대한 연암의 생각을 정리해 보았다. 글 쓰기와 글 읽기에 대한 연암의 주장은 한마디로 ‘글로 표현되는 마음속 뜻’에 압축되어 있는 것 같다. 글을 쓸 때는 마음에 있는 뜻을 잘 풀어내야 하고, 글을 읽을 때는 글로 표현된

글쓴이의 마음 뜻을 잘 헤아려야 한다는 것이다. 그런데 이렇게 하려면 마치 나비를 잡듯 아주 조심스럽고 정성스러운 자세로 글을 대해야 한다.

어린아이들이 나비 잡는 것을 보면 사마천의 마음을 간파해 낼 수 있습니다. 앞다리를 반쯤 꿇고, 뒷다리는 비스듬히 발꿈치를 들고서 두 손가락을 집게 모양으로 만들어 다가가는데, 잡을까 말까 망설이는 사이에 나비가 그만 날아가 버립니다. 사방을 둘러보아도 사람이 없기에 어이없이 웃다가 얼굴을 붉히기도 하고 성을 내기도 하지요. 이것이 바로 사마천이 『사기』를 저술할 때의 마음입니다.

이 글은 사마천이 『사기』를 쓸 때의 심리 상태를 나비 잡기에 비유하여 설명하고 있다. 나비를 잡기 위하여 조심스럽고 신중하게 다가서는 모습이 아주 생생하게 그려져 있다. 사마천이 이런 심리 상태로 『사기』를 썼다면 글을 읽는 사람 역시 이런 심리를 투영하며 『사기』를 접해야 사마천의 원래 마음 뜻을 이해하고 공감할 수 있다. 결국 글은 서로의 마음을 소통하는 수단이다. 그러니까 글을 쓰는 사람이나 글을 읽는 사람 모두 마음속 뜻을 제대로 소통하는 데 집중해야 한다. 함부로 글을 대하지 않고 글 뜻을 깊이 파고드는 일에 정성을 기울여야 하는 이유가 여기에 있다. 나비는 쉽게 잡히지 않는다.

연암에게서 배우는 멘토링

지금까지 여러 갈래로 나누어 아버지 박지원이 정신적 지도자 멘토로서 자식들의 삶에 영향을 주었을 법한 내용을 살펴봤다. 과연 아들 박종채의 눈에 포착된 아버지 박지원의 삶은 멘토로서 부족함이 없다. 박종채가 굳이 『과정록』을 써서 아버지의 행적을 남기려고 했던 심정이 충분히 이해된다. 아버지들이 자녀들에게 연암 같은 멘토 역할을 할 수 있다면 세상은 훨씬 더 행복하고 슬기로운 사람들로 가득할 것이다. 이제 박지원의 행적을 참고하며 멘토 역할을 할 때 아버지가 유의할 점을 정리해 보자.

첫째, 기왕이면 좋은 멘토가 되자. 좋든 싫든 아버지는 멘토로서 자녀들의 정신적 지주 역할을 하게 되어 있다. 생명을 나누었을 뿐 아니라 같은 공간에서 오랜 시간을 함께 보낸 가족은 서로를 배우며 닮게 된다. 특히 학습이 한창 이루어지는 어린 시절 자녀는 부모의 말과 행동 하나하나를 놓치지 않고 배워 나간다. 그렇기 때문에 "나는 '바담' 해도 너는 '바람'이라고 해라."는 말이 먹히지 않는다. 부모가 억지를 부리면 억지를 부리는 그 모습까지 자연스레 따라하는 것이 아이들이다. 이렇게 멘토 역할이 피할 수 없는 것이라면 좋은 멘토가 되도록 노력하자. 나중에 자녀들이 "아버지를 닮은 내가 너무 좋아."라고 말할 수 있게끔 좋은 멘토가 되자. 그러기 위해서 아버지들은 끊임없이 자기 삶을 되돌아볼 필요가 있다. 자신이 제대로 잘 살고 있는지, 정신적으로 올바르고 건강한 생활을 하고 있는지 스스로 점검하고 스스로 고쳐 나가자. 한마디로 아버지인 내가 잘 사는 길이 자녀들에게 좋은 멘토가 되는 지름길임을 명심하자.

둘째, 자녀들의 발달을 살피며 멘토할 내용을 잘 파악하자. 아버지의 삶 전체가 멘토가 되기도 하지만 때로는 특정한 생활 주제나 사건과 관련하여 자녀에게 멘토 역할을 해야 할 때가 있다. 아이들은 여러 가지 발달 단계를 거쳐 성장하므로 발달 단계에 따라 멘토할 내용과 멘토하는 방식을 잘 맞춰 가야 한다. 이를테면 자녀가 유아일 때는 함께 옹알이를 하며 장난감을 가지고 놀아 주고, 사춘기에 들어서면 성 호르몬에 의해 달라지는 신체 변화를 설명해 주고, 취업을 앞둔 성인이 되면 다양한 정보를 놓고 진지하게 진로에 대한 토론을 벌이는 식이다.

아이들이 성장하며 겪게 되는 첫 경험에 대해서도 아버지는 훌륭한 멘토가 될 수 있다. 첫 경험이라 불안하기도 하고 미숙함으로 인하여 여러 가지 실수를 저지를 수도 있는데, 이때 산전수전 공중전까지 겪은 노련한 아버지가 자연스럽게 자기 경험을 개방하면서 다독거려 주면 아이들은 한편으로 마음을 놓고 한편으로 자신감을 얻을 수 있다. 어쨌거나 아이들의 발달 단계와 성장 과정을 섬세하게 관찰하면서 타이밍에 맞춰 필요한 멘토링을 제공하는 아버지가 되자.

셋째, 부드럽고 유연한 멘토링을 하자. 정신적 지주로서 자녀들에게 멘토링을 하라고 했더니 자녀들에게 자신의 생각을 강압적으로 쑤셔 넣으려는 사람들이 있다. 멘토링은 멘토의 생각을 일방적으로 강요하는 것이 아니다. 바람직한 멘토링은 현재 문제가 되는 상황을 지혜롭게 돌파할 수 있는 다양한 길을 안내하는 역할에서 그친다. 선택과 결정은 항상 멘토링을 받는 사람이 한다. 아버지 멘토라고 해서 예외는 아니다. 자녀에게 여러 가지로 생각하고 선택할 수 있는 길을 알려주되 선택은 자녀에게 맡긴다. '고기를 잡아 주지 말고 고기 낚는 법을 가르치라.' 는 속담이 여기에 딱 맞는다.

멘토링을 제대로 했다면 혹시 아버지 눈에 자녀가 어리석은 선택을 하더라도 그냥 내버려 두자. 잘못된 선택을 통해서도 배우는 바가 또 있을 테니까. 매사 실수 없이 잘 해야 한다는 강박적 관념을 가지고 아이들을 자신이 원하는 대로 몰아가는 아버지는 멘토가 아니라 편협한 가장에 지나지 않는다. 그러므로 멘토링은 부드럽고 유연하게 해야 한다는 점을 잊지 말자.

넷째, 멘토링을 할 때 집안 내력과 인물평을 활용하자. 자녀들에게 멘토링을 해 주고 싶은 내용은 많은데 그 방법과 수단을 몰라서 우왕좌왕할 때가 있다. 연암은 이 부분에도 귀를 기울일만한 방법을 알려 주었다. 조금 길게 살펴보자.

먼저, 직설법으로 말을 하고 행동으로 모범을 보이는 일은 기본이다. '이해에 따라 살지 말고 의리에 따라 살라.'는 삶의 철학을 자녀들에게 전달할 때 가장 손쉬운 방법은 직접 말로 설명하고 실제 행동으로 보여 주는 일이다. 연암이 그랬다. 그는 늘 말과 행동으로 자식들에게 '의리'에 따라 사는 모범을 보였다.

그런데 연암은 자녀들에게 조언할 때 조금 독특한 방법을 덧붙였다. 하나는 집안 내력을 들어 설명하는 방법이고, 다른 하나는 인물평을 활용한 방법이다. 이를테면 '의리'에 따라 살라는 가르침을 집안 내력과 결부시키고 인물평을 통해 구체화하는 식이다. 다음 일화가 그렇다.

아버지는 일찍이 우리 형제에게 이렇게 가르치셨다.

"너희가 장치 벼슬하여 녹봉을 받는다 할지라도 넉넉하게 살 생각은 하지 마라. 우리 집안은 대대로 청빈하였으니, 청빈이 곧 본분이니라." 그러고는 집안에 전해 오는 옛 일들을 다음과 같이 낱낱이 들어 말씀하셨다. ……(중략)…… 무릇 이런 사실들은 모두 자손들이 몰라서는 안 될 일이다. 우리 집안은 수십 대에 걸쳐 청빈함과 검소함이 이와 같았으니 이는 원래 타고난 것이었다. 내 비록 너희가 따뜻한 옷을 입고 배부르기를 바라지만 부귀와 안일을 추구해서는 안 된다. 다만 바라는 건 사대부 집안으로서 글 읽는 사람이 끊어지지 않았으면 하는 것뿐이다. ……(중략)…… 언젠가 탄식하며 이런 말씀을 하셨다.

"독서와 학문에는 세상에 소용이 되는 것과 그렇지 못한 것이 있다. 우리나라의 선현들 중 조헌이 쓴 『동환봉사』 같은 글은 오로지 정사에만 관심을 쏟았다. 그는 도끼를 가지고 대궐 문 밖에 엎드려 실정을 비판하는 극렬한 상소문을 올렸다가 귀양을 가게 되었는데 유배지인 함경도 길주까지 걸어서 갔다. 그 후 조중봉은 임진왜란이 일어나자 의병을 일으켜 싸우다가 순절하였다. 그의 역량과 기백은 큰 일을 맡을 만했지만, 성공과 실패라든가 이익과 손해 따위는 결코 따지지 않고 오직 자기가 해야 할 일만을 힘써 해나갔을 뿐이다.

모든 가정이 연암의 가문처럼 이야깃거리가 많은 명문가도 아니고, 또 모든 아버지가 아이들에게 적절한 인물평을 통해 조언을 해 줄 수 있을 정도로 넉넉한 지식을 가진 것도 아니다. 하지만 작은 것이라도 자기 집안에서 일어난 일이나 집안에서 가치 있게 여기는 일들을 자녀들의 삶과 연결시켜 주면, 자녀들은 자기 집안과 가족에 대해 남다른 애정과 자부심을 느끼며 자기 생활을 조율해 갈 것이다. 인물평도 마찬가지다. 그냥 밋밋하게 훈계하지 않고 동서고금의 인물들을 끌어들이며 흥미 있게 이야기를 전개해 가려는 아버지의 모습에 자녀들은 존경하는 마음을 일으키며 공감할 것이다.

참고문헌   박희병(1998). **나의 아버지 박지원**. 돌베개.
박희병 역(2005). **고추장 작은 단지를 보내니**. 돌베개.
신호열, 김명호 역(2005). **연암집 전 3권**. 돌베개.

잘 노는 아버지가
좋은 아버지다

행복하게 삶을 즐길 줄 알았던 백사 이항복

삶은 즐겁고 행복해야 한다. 아무리 위대하고 성공적인 삶이라도 즐겁고 행복하지 않으면 별로 본받고 싶지 않다. 힘들고 고통스러운 일이 생길 때 이를 참고 견딜 수 있는 힘도 머지않아 즐겁고 행복하게 될 것이라는 희망에서 솟는다. 즐거움과 행복이 기다리지 않는다면 고통을 참으며 인내할 이유가 없다. 성공이나 고통의 가치를 즐거움과 행복에서 찾을 수밖에 없는 이치가 여기에 있다.

우리 삶의 목적이 즐거움과 행복이라면 이 목적은 우리의 일상생활에서 구체적으로 실현될 때 가장 이상적이다. 그러니까 앞으로 즐겁게 사는 게 아니라 지금부터 즐겁게 살아가야 한다는 말이다. 조금씩이지만 지금부터 즐겁게 살아갈 줄 아는 사람은 앞으로 더 즐겁고 행복하게 살아갈 확률이 높다. 이렇게 즐거움과 행복은 삶의 목적이며 동시에 삶의 과정이어야 한다.

부모는 자녀들이 즐겁고 행복하게 살아가기를 원한다. 하지만 정작 부모 자신이 즐겁고 행복하게 살아갈 줄 모른다면 자녀들에게 즐겁고 행복하게 사는 본을 보일 수가 없다. 현실을 들여다보면 많은 부모가 성공하면 저절로 행복해진다고 착각하고 있다. 그리하여 자신 역시 성공을 위해 열심히 살 뿐 아니라 자녀들에게도 그렇게 살라고 강요하기 일쑤다. 하지만 성공은 행복으로 가는 징검다리일 뿐 행복을 보장해 주지는 않는다. 성공을 했는데도 불행하고 성공하지 못했는데도 행복하게 사는 사람들이 얼마나 많은가!

부모는 자신들과 자녀들을 위해서 즐겁고 행복하게 사는 법에 대해 배워야 한다. 여기에 성공을 덧붙일 수 있다면 더할 나위 없이 좋다. 조선 시대 최고의 성공과 행복 모델인 백사 이항복 (1556~1618) 선생의 삶에 의지해 이 문제에 대한 해법을 찾아보도록 하자.

백사의 가문이 조선 시대 명문가로 꼽히는 이유

백사 이항복 선생은 20세에 진사 초시에 오르고 25세에 알성 문과에 병과로 급제하여 벼슬길에 나선 조선의 명신이다. 그는 임진왜란 때 다섯 차례에 걸쳐 병조판서를 지냈으며, 그 후 이조

판서, 좌의정을 거쳐 영의정 자리에까지 올랐고 사후에는 청백리로 뽑히기도 했다. 백사는 무려 39년 동안 정부의 요직을 두루 거치며 국정에 관여했는데, 특히 나라가 존망의 위기에 처했을 때 눈부신 활약으로 이를 극복한 국가 일등공신이다. 이런 점에서 백사의 일생은 고금의 모든 사람이 부러워할 만한 성공적인 삶이라고 말해도 과장이 아니다.

백사의 성공한 삶은 후손들에게도 그대로 이어진다. 벼슬길에 나서는 것을 성공이라고 단정 지을 수는 없지만, 벼슬이 유일한 출셋길이었던 조선의 시대적 특성을 고려하여 일단 '벼슬=성공'이라는 도식을 가지고 이야기를 풀어 보자.

백사는 네 아들과 세 딸을 낳는다. 그중 첫째 아들 성남과 둘째 아들 정남은 권 씨 부인에게서, 셋째 아들 규남과 넷째 아들 기남은 측실인 오 씨 부인에게서 낳았는데, 성남과 정남은 오늘날 행정부에서 차관보급에 해당하는 정3품, 규남은 사무관급에 해당하는 종6품, 기남은 장관급에 해당하는 정2품의 자리까지 올랐다. 백사가 생존했을 때 할아버지의 삶을 지켜보았던 손자들 시중, 시정, 시술, 시현 역시 고위 관직에 올랐을 뿐 아니라 그 후손 대에 이르러 무려 4명의 영의정과 1명의 좌의정이 배출된다. 이로 보면 백사 가문을 조선 시대 성공한 명문가로 꼽는 데 부족함이 없다.

백사 스스로 성공했을 뿐 아니라 백사의 후손들이 성공한 삶을 이어간 데는 어떤 비결이 숨어 있지 않을까? 그냥 과거 공부만 열심히 해서 그렇게 됐을까? 필자는 이 비결을 해학과 익살과 풍류를 곁들이며 삶을 즐길 줄 알았던 백사의 행적에서 찾아보려고 한다.

　백사는 어려서 무척 장난꾸러기였다. 일찍 아버지를 여의고 홀어머니 밑에서 성장한 백사는 공부보다 놀기를 좋아해서 동네 골목대장으로 손꼽혔다. 소년 항복은 씨름과 택견을 아주 잘 했고, 제기차기, 공차기 등 각종 놀이를 즐기며 자유분방한 생활에 푹 빠져 지냈다. 커가면서 항복의 놀이 무대는 자기 동네를 벗어나 이웃 동네로, 나아가 사람들이 많이 모이는 넓은 시장터로 퍼져나갔다. 항복의 이 자유로운 생활은 열여섯 살 때 장안의 왈패 총각들을 모아놓고 씨름판을 벌이며 흥겨운 놀이에 빠져 있다가 느닷없이 나타난 고모부에게 발각되고, 이를 전해들은 어머니에게 호된 꾸중을 들으면서 끝이 난다. 당시만 해도 그 나이면 양반집 자제들은 성인식을 치르고 장가를 들어 과거 공부를 하는 때였다. 마음을 고쳐먹은 항복은 이후 3년 동안 세월 가는 줄 모르고 글공부에 열중한 결과 20세에 진사 시험에 합격하게 된다.

　놀이에 열중하는 일은 우리 삶에 여러 가지 의미를 가지고 있다. 놀이는 흔히 사람들이 쉽게 생각하듯 ‘시간 낭비’가 아니다. 우리는 놀이를 통해 신체를 단련시킬 뿐 아니라 스트레스를 해소하고 의사소통 능력을 발달시키며, 사회적 관계를 학습하고 창의력을 배양한다. 그러니까 놀이는 쉬고 즐기는 활동일 뿐 아니라 학습하고 창조하는 활동이기도 하다. '잘 노는 사람이 일도 잘한다.'는 말이 그냥 있는 게 아니다. 놀이와 일은 하나의 끈으로 연결되어 있다. 높이 도약하려면 깊이 움츠려야 하는 것처럼 놀이와 일은 서로 돕는 관계에 놓여 있다. 그러므로 잘 노는 일은 매우 중요하다. 특히 성격의 틀이 형성되고 행동이 습관으로 굳어져 가는 어린 시절 '잘 노는 법'을 터득하는 일은 아주 중요하다. 이때 배운 바가 평생 즐기며 살아가는 토대로 작용할뿐더러 성공으로 이끄는 열쇠 역할을 하기 때문이다.

어린 시절 놀이와 장난에 달통했던 백사는 성인이 되어 어떤 놀이를 하였을까? 아무리 놀이를 좋아하던 백사이지만 어른이 되어서도 씨름이나 공차기 같은 놀이를 할 수는 없었을 것이다. 그렇다고 국가 고위직을 담당한 지도층 인사가 잡기나 도박에 손을 댈 수도 없었을 터. 그래서 백사가 의지한 것이 해학과 익살, 요즘 말로 농담과 유머였던 것 같다. 백사가 얼마나 해학과 익살을 많이 부렸으면 그를 '해학공'이라고 불렀을까!

백사 이항복의 뛰어난 유머 감각

백사와 관련된 일화들을 보면 그가 얼마나 유머 감각이 뛰어나고 익살을 많이 부렸는지 알 수 있다. '오성과 한음'에서 보듯 어려서는 말할 것도 없고 성인이 되어서도 그의 익살은 그치지 않는다. 둘째 아들 정남의 생일을 축하하며 익살을 부리는 그의 모습을 보자.

> 부잣집이라도 딸을 낳으면 일백 근심이 생기고
>
> 가난한 집이라도 아들을 낳으면 만사가 만족하도다
>
> 날마다 천금을 쓴다 해도 사위의 비위 맞추기란 어렵고
>
> 다만 한 권 책 가지고도 아들은 가르쳐 줄 수 있네
>
> 나는 지금 아들을 얻고 다행히 딸은 없어
>
> 큰 놈은 글 읽을 줄 알고 작은 놈은 읍할 줄 아네
>
> 뉘 집에서 딸을 키워서 효부를 만들어 줄 것이냐
>
> 나는 아들 장가 보내 사위 삼게 할 작정
>
> 집 지키고 술 취할 때 부축하는 것 둘 다 걱정 없고
>
> 죽으면 다른 날 은거하는 즐거움도 누릴 것일세

백사는 아내와도 아기자기 웃음거리를 만들며 즐겁게 살았다. 흔히 상상하는 것처럼 근엄한 모습을 한 조선 시대의 전형적인 남편상과 전혀 다르다. 오성과 한음에 나오는 다음 일화를 보자.

어느 날 밤 오성은 부인 곁에 누웠다가 갑자기 벌떡 일어나 밖으로 나갔다. 뒷간에 가나보다고 대수롭지 않게 생각하던 부인은 오랜 시간이 지났는데도 오성이 돌아오지 않자 슬슬 걱정이 된다. 한참이 지나 방으로 돌아온 오성은 뒷간에 오래 있었

더니 엉덩이가 차갑다고 하면서 얼음장처럼 차가운 엉덩이를 따뜻한 부인 엉덩이에 비벼대는 것이었다. 이러기를 여러 차례, 부인은 오성이 뒷간에 가는 척하면서 방을 나가 차가운 차돌 위에 앉아 엉덩이를 식힌 다음 되돌아와 자기를 골탕 먹이고 있음을 눈치채게 되었다. 오성의 장난을 알아챈 부인은 역습을 한다. 어느 날 부인은 차가운 차돌을 숯불로 뜨겁게 달궈놓았다. 사정을 모르고 그날 밤도 차돌 위에 털퍼덕 주저앉았던 오성은 비명을 지르며 벌떡 일어날 수밖에 없었다. 엉덩이를 크게 데인 것이다. 두 부부는 이렇게 조그만 사건들을 만들어 내며 재미있게 살아갔다.

백사의 장난기는 가정에서 그치지 않는다. 백사는 장인인 권율과 평소에도 흉허물 없이 해학과 익살을 즐겼는데 하루는 임금과 조정 대신들이 모인 자리에서 권율을 멋들어지게 골탕 먹인다.

어느 날 임금이 조정 대신들을 모두 불러 모임을 갖게 하였다. 몹시 무더운 여름이었던 그날 아침 백사는 장인 권율을 놀려 줄 생각으로 등청을 서두르는 권율에게 다음과 같이 말한다.
"장인어른, 요즘 날씨가 무척 무더운데 오늘도 불볕더위가 기승을 부릴 것 같습니다. 더구나 오늘 모임은 임금님께서 직접 주재하는 회의라 시간이 매우 길어질 것입니다. 그러니 버선 위에 가죽신까지 신으시면 땀이 차서 견디기 어려울 테니 오늘은 버선을 신지 마시고 가죽신만 신고 나가시는 게 어떨지요.”

이 말을 곧이곧대로 들은 권율은 정말 버선을 신지 않은 채 가죽신만 신고 모임에 나갔다. 모임이 시작되고 한참 시간이 지나 한낮이 되자 날이 더워서 모두가 땀을 흘리기 시작했다. 이때 백사가 임금에게 아뢰었다.

“전하! 오늘은 날씨가 덥고 땀이 흘러 대신들이 모두 고통스러워하고 있습니다. 아뢰옵기 황송하오나 모두 가죽신을 벗고 버선발로 있게 해 주시면 조금이나마 시원해질 거 같으니 통촉해 주시옵소서.”

임금이 좋은 제안이라고 하면서 가죽신을 벗고 버선만 신고 앉으라고 명령하니 모든 신하가 가죽신을 벗었는데 유독 권율만 가죽신을 벗지 못하고 우물쭈물하면서 어쩔 줄 몰라 했다. 임금은 권율의 발이 커서 가죽신이 잘 벗겨지지 않는다고 생각해서 내관을 시켜 도와주게 했고 결국 버선을 신지 않은 권율의 맨발이 그대로 드러났다. 이 모습을 본 임금과 여러 대신은 한바탕 크게 웃으며 더위를 식힐 수 있었다.

백사의 해학은 공적 업무를 수행할 때에도 유감 없이 발휘된다. 백사는 한때 호남지방에 체찰사로 내려갔는데 조정에서 역적들의 미세한 움직임을 잘 살펴보고하라고 하니, 백사는 장계를 올려 말하기를 "역적은 날짐승, 길짐승, 물고기, 바다생물처럼 곳곳에 나는 물건이 아니므로 미세한 움직임을 자세히 살펴 관찰하기가 어렵습니다."라고 하였다.

또한 계축년에 역모 사건이 있었는데 어떤 자가 자산에 사는 이춘복(李春福)이라는 사람을 고발한 적이 있었다. 조정에서는 임금의 근위병까지 파견하여 자산 지역을 샅샅이 수색했지만 그곳에는 이춘복이라는 사람은 없고 이원복(李元福)이라는 사람이 있었다. 근위병이 사실대로 조정에 보고하였더니 조정은 이원복이라는 사람이라도 체포하여 고문하기로 결정하였다. 그 자리에 있던 백사는 무고한 사람이 횡액에 걸려들 것이 염려되어 "내 이름 이항복(李恒福) 역시 이춘복 그 자와 서로 비슷하니 나도 장계를 올려 스스로를 변명해야만 죄를 면할 수 있겠습니다."라고 말하니 좌우가 서로 웃어댔고, 그 사건은 결국 각하되고 말았다.

올바른 정치는 제쳐 두고 알맹이 없는 일로 당파싸움에 골몰하던 당시 벼슬아치들의 풍조 역시 백사의 익살을 피하지 못한다.

비변사에 회의가 있던 날 백사가 유독 늦게 왔으므로 누군가가 말하기를 "어찌 늦었습니까?" 하니 공이, "마침 여럿이 싸우는 것을 보다가 나도 모르게 늦었소." 하였다.

또 묻기를, "싸우는 자는 누구던가요?" 하니, "내시가 중의 머리카락을 끌어 잡고, 중은 내시의 불알을 쥐고 큰 길 복판에서 서로 싸우고 있었소." 하여 여러 재상이 배를 잡고 웃었다.

이렇게 해학과 익살에 능한 백사는 임금 앞에서도 거리낌이 없다.

한번은 대궐에서 이항복과 이덕형이 서로 내가 '아비'라며 농담하는 것을 본 선조 임금이 두 사람 사이에 끼어들었다.

"대체 누가 아비고 누가 아들이오?"

임금의 우스갯소리에 항복과 덕형은 서로 자기가 아비라고 우겨댔다.

"그렇다면 오늘 내가 누가 아비고 누가 아들인지 확실하게 가려 주겠소."

선조 임금은 신하를 시켜 종이쪽지 한 장에는 아비 '父', 다른 장에는 아들 '子' 자를 쓰게 한 뒤 이들을 섞은 다음 항복과 덕형에게 한 장씩 집어서 펴보게 하였다.

항복과 덕형은 얼른 종이쪽지를 집어 펴보았다. 그러자 덕형이 먼저 "제가 아비입니다." 하며 아비 '父' 자가 써진 쪽지를 펼쳐들고 즐거워했다. 그런데 아들 '子' 자를 집은 항복 역시 즐겁다는 듯 싱글벙글 웃는 것이 아닌가. 호기심이 동한 선조 임금이 물었다.

"공은 아들 '子' 자를 집었을 텐데 뭐가 그리 좋아서 싱글벙글 하시오?"

항복은 무릎 위에 펴놓은 종이를 가리키며 말했다.

"늘그막에 아들을 얻어 무릎 위에 앉혔으니 이 아비의 마음이 어찌 즐겁지 않겠습니까?"

항복의 재치 있는 익살에 선조와 덕형은 껄껄껄 유쾌한 웃음을 터뜨리고 말았다.

백사의 풍류정신

백사가 즐긴 놀이 생활 중 또 하나 빼놓을 수 없는 것이 풍류다. 풍류를 즐긴다는 말은 우아하고 멋스런 정취를 누린다는 뜻이다. 백사는 당시 사대부들이 즐기던 시(詩), 서,(書) 화(畵), 음(音)에 능했을 뿐 아니라 한가한 때를 만나면 자연과 어울려 음풍농월하며 노닐기를 좋아하였다.

백사는 46세부터 52세가 될 때까지 벼슬길에서 물러나 한가하게 지낸 적이 있었는데, 이때 그의 행적에 대한 다음과 같은 기록이 있다.

공은 한가로이 지내면서 손님도 사절하고 매일 『성리대전』, 『심경』, 『근사록』, 『주자서절요』, 『논어』, 『중용』, 『상서』, 『예기』, 『주례』, 『좌씨춘추』, 『국어』, 등의 저서를 정독하고 의미를 상세히 파악하며 반복해서 깊은 생각에 잠기곤 했다. 간혹 지팡이 짚고 정원을 산책하면서 하인들에게 꽃이나 나무를 심으라고 일거리를 줄 뿐이었다. 평상시 성품이 산수를 매우 사랑하였다. 소싯적에는 놀러 많이 다녔고 젊었을 적에는 여러 절에서 공부하였으며, 지금에 와서는 여러 조카 제자들과 함께 말을 타고 구경나가서 글을 짓다가 저녁이 되어서 귀가하였다.

말년이 되어서 백사는 노원으로 옮겨가 은거 생활을 하였는데 그때 생활을 다음과 같이 읊고 있다.

나는 죄를 짓고 버려진 몸으로 노원에 은거해 있노라니, 삼각산과 도봉산은 앞쪽과 왼쪽에 병풍처럼 둘러 있고, 유암산과 수락산은 오른쪽과 뒤쪽에 죽 늘어섰는데, 그 한가운데 반암이 있어 물이 졸졸 흐르고 있다. 그래서 매양 바람이 고요하고 비가 갠 때마다 각건(은인들이 쓴 두건)을 쓰고 바위에 걸터앉아서 맑은 물, 푸른 산을 귀와 눈으로 천천히 감상하며 즐기고 있노라면, 마치 조물주와 함께 광대한 들판에서 놀이를 하는 것 같기도 하다.

이렇게 풍류를 즐길 줄 알았던 백사는 사위를 고를 때도, 유배지를 전전하면서도 풍류객의 기질을 버리지 않았다.

백사 이항복에게 천첩에게서 난 딸이 있어서 사위를 고르게 되었다. 그는 석주 권필의 조카인 권칙을 불러 '삼색도(한 나무에서 세 가지 빛깔의 꽃이 피는 복사나무)'를 제목으로 하여 운을 불러 주었다. 권칙은 즉시 다음과 같은 시를 지었다.

어여쁘고 싱싱한 복사꽃이 성긴 울타리에 비쳤네
세 가지 빛 꽃이 어째서 한 가지에 피었을까
마치 미인이 세수하고 머리빗은 뒤
온 얼굴에 분 바르고 고루 다듬기 전과 같네.

권칙이 지은 시를 보고, 이항복은 그 자리에서 택일을 하라
고 명하였다. 그때 권칙의 나이는 13세였다.

세상을 떠나기 한 해 전 백사는, 왕 광해군의 뜻에 반해 인목
대비 폐비를 반대하는 격렬한 상소문을 올렸다가 결국 함경도
북청으로 유배를 떠나게 된다. 놀라운 것은 8개월 여 동안 지속
된 이 유배생활에서도 백사는 틈틈이 풍류 즐기기를 잊지 않았
다는 사실이다. 유배당한 백사를 따라 다니며 그의 행적을 기록
한 정충신에 의하면 백사는 사람들에게 "내가 북청에 온 이래로
세 가지 기분 좋은 일이 있다. 첫째는 철관현에서 바다를 본 것
이요, 둘째는 경선이(백사를 존경하던 기생 만옥의 딸)가 말 타고 달
리는 것, 셋째는 순진이(단천의 관에 속한 기생으로서 함경도의 명창
으로 알려짐)가 시를 노래로 부르는 것이다."라고 말했다고 한다.
고통스런 유배생활의 와중에서도 자연의 아름다움에 감동할 줄
알고 음악과 기예의 멋을 감상할 줄 아는 백사의 면모가 아주 잘

드러나 있다.

오락 정신을 빛내는 것은 선비정신이다

백사의 삶에 해학과 익살 그리고 풍류가 넘쳤다고 해서 그가 삶을 희롱거리로 여기거나 큰 원칙 없이 대충대충 살았다고 생각한다면 큰 오산이다. 백사는 조선 시대 어느 선비 못지않게 '의리'를 앞세우며 꼿꼿하고 투철하게 선비정신을 실천하였다. 백사는 나라와 백성 그리고 대의명분을 위해 나아갈 때와 물러갈 때를 분명히 가릴 줄 알았고, 나아갈 때라고 생각되면 목숨을 아끼지 않고 자신을 내던졌다. 당파싸움에 밀려 죄인으로 몰린 나라의 인재 정철, 유성룡을 찾아가 위로를 아끼지 않았고, 목숨이 위태롭다는 걸 뻔히 알면서도 왕의 심기를 정면으로 거스르는 상소문을 올리는 데 주저하지 않았다. 임진란을 당해 사사로운 정에 이끌려 나라 일을 망칠까 걱정한 나머지 울며 매달리는 가족을 외면하며 매정하게 떼어놓고 임금을 따라갈 정도로 백사는 공을 앞세울 줄 알았다. 백사가 둘도 없는 충신이요 명신으로 이름을 날리게 된 데는 무엇보다도 원칙에 철저한 그의 선비정신이 큰 몫을 했다.

여기에서 우리는 백사의 삶을 이끌어 간 두 가지 큰 원리를 발견할 수 있다. 하나는 원칙에 충실한 '선비정신'이요 다른 하나는 틈틈이 놀고 즐길 줄 아는 '오락정신'이다. 선비정신이 백사의 삶을 이끌어 간 주춧돌이었다면, 오락정신은 그의 삶에 윤기와 활기를 더해 준 윤활유요 활력소였다. 만일 백사에게 오락정신이 부족했다면 아마 그는 끊어질 듯 팽팽하게 긴장된 고단한 삶을 살았을 것이고, 전쟁과 당파싸움으로 나라가 존망의 위기에 처한 절망의 시대를 유연하게 풀어 가는 지혜를 발휘하기 어려웠을 것이다.

오락정신은 개인의 삶을 즐겁고 행복하게 해 줄 뿐 아니라 긴장된 상황을 부드럽게 풀고 갈등을 완화시키는 역할을 한다. 아울러 에너지를 재충전하여 삶을 생기 있게 살아가도록 돕는 역할도 한다. 따라서 오락정신은 그 자체로 가치 있을 뿐 아니라 무엇인가에 '성공'하고 삶의 목표를 달성하는 데에도 없어서는 안 될 중요한 요소다. 백사의 경우 오락정신은 선비정신과 조화를 이루며 개인적으로 즐겁고 행복하면서 동시에 사회적 · 국가적으로 성공한 인생을 살도록 도와준 일등공신이다.

백사가 후손에게 미친 영향

지금까지 살펴본 대로 백사는 해학과 익살 그리고 풍류를 즐기며 나름대로 행복한 인생을 살았다. 그렇다면 백사의 자녀와 손자들은 그의 삶을 어떻게 바라보고 그로부터 어떤 영향을 받았을까? 백사의 성품으로 미루어 보건대 자손들과 더불어 해학과 익살을 펼치며 즐거운 한 때를 보내는 장면이 분명 있을 법한데 아쉽게도 이를 전하는 자료를 찾기가 쉽지 않다. 하지만 백사의 가족에 대한 단편적인 자료들은 백사와 가족이 아주 친밀하게 많은 시간을 함께 보냈을 뿐 아니라 백사가 자녀들을 아주 친근하고 다정하게 대했음을 짐작케 한다. 몇 가지 증거를 보자.

정충신이 기록한 『백사북천일록』을 분석해 보면 백사가 함경도 북청에서 유배생활을 할 당시 정부인 권 씨를 제외한 거의 모든 가족이 백사를 따라간 것으로 보인다. 백사가 임종할 때 집을 지키던 둘째 부인 오 씨는 물론이요 네 아들들도 처음부터 아버지를 따라 유배지를 향해 떠난 것 같다. 다만 벼슬을 하던 아들들이 중간에 임지로 가기 위해, 그리고 서울 집에 남아 있는 정부인 권 씨를 보살피기 위해 아버지 곁을 떠났을 따름이다. 아버지가 유배를 떠나면 온 가족이 다 함께 떠나는 것이 그 당시 풍속인지는 모르겠으나 가족 간의 유대가 웬만큼 돈독하지 않고서는 생각할 수 없는 아름다운 정경이다.

백사는 52세 때 맏손자 시중에게 천자문을 써 주어 학습 자료로 삼게 했다. 그리고 아들 성남에게 보낸 편지에서 손주의 공부를 지도하는 방법에 대해서 아주 자상하게 설명하고 있다. 이를테면 책은 반드시 흘긋 보아 읽어 넘기지 말고 숙독하게 할 것이며, 『사략』을 읽힌 다음에는 『논어』를 읽혀야 하며, 읽어서 문리가 트이면 술작(글쓰기)을 가르쳐야 하며, 항상 절반은 서울 아버지 집에서 공부하게 하고 나머지 절반은 시골 할아버지 집에 와서 공부하게 하라는 식으로 아주 자세한 주문을 하고 있다.

백사는 어린 딸이 왜란 중에 역병에 걸려 죽었다는 소식을 듣고 다음과 같은 한탄을 한 바 있다.

임진년 12월에는 젊은 딸이 역병에 걸려 강화에서 죽었다. 듣건대 딸이 임종할 때 오히려 기 쓰고 참으며 눈을 번쩍 뜨고 세 번이나 아비를 부르며 보기를 원하다가 죽었다고 한다. 이 얼마나 애처로운 일이냐. 남의 아버지가 되고서 차마 이를 듣겠느냐.

이 말로 미루어 보건대 이 어린 딸은 아버지를 사무치게 그리워했음을 알 수 있는데 아버지가 평소 다정한 사람이 아니었다면 이렇게까지 하지는 않았을 것이다. 잘은 모르겠지만 어린 딸과 함께 있을 때 백사는 여러 가지 놀이와 장난을 함께 하면서 아주 정을 깊이 들여놓았으리라 추측된다. 물론 다른 자손들과 함께 있을 때도 그리했을 것이다.

오락정신,
백사에게 배우는 성공적인 자녀 교육 수단

이상 몇 가지 증거로 보아 백사는 분명 자손들에게 아주 친밀한 존재였을 뿐 아니라 그들의 삶에 크나큰 영향을 주었다고 단언할 수 있다. 그러므로 백사의 삶의 방식, 즉 선비정신과 오락정신을 절묘하게 조화시키며 즐겁고 행복하게 살아가는 모습은 그의 후손들에게 본받아야 할 모범으로 전해져 내려갔음에 틀림없다. 그러면서 그들은 세상을 살아가는 데 선비정신 못지않게 오락정신이 중요하다는 사실을 절절하게 느꼈을 법하다. 백사 가문에 유난히 성공한 자손들이 많이 등장한 것을 눈여겨보되 그 한편에 있는 '오락정신', 다시 말해 그들이 해학과 익살과 풍류를 즐기며 행복하게 살 줄 알았다는 사실을 놓칠 수 없는 이유가 여기에 있다.

이제 오늘을 살아가는 아버지들에게 백사의 삶이 주는 교훈을 정리해 보자.

첫째, 행복은 성공보다 더 중요한 삶의 목표다. 무한경쟁 시대를 살아가는 데 성공은 아주 중요하다. 하지만 성공은 행복과 연결될 때 가치가 있다. 성공은 우리를 행복으로 안내하는 징검다리다. 만일 성공했는데 행복하지 않다면 뭐가 잘못되어도 크게 잘못된 것이다. 무엇을 위해, 왜 성공해야 하는지 잘 따져보지

않고 막무가내 성공하려고 할 때 이런 사태가 발생할 수 있다. 안타깝지만 성공신화에 빠져 버린 우리 사회에서 이런 현상을 종종 발견할 수 있다.

모든 부모는 자녀들이 행복하게 살기를 바란다. 하지만 자기도 모르게 성공신화에 물든 부모는 자녀들을 성공시키기에 혈안이 되어 있다. 성공만 하면 행복은 저절로 찾아올 것이라는 근거 없는 확신을 가지고 자녀들의 삶을 몰아치는 데 망설임이 없다. 미안한 말이지만 이렇게 해서는 자녀들이 즐겁고 행복하게 살기는 정말 어렵다. 혹 나중에 성공하는 일이 있어도 그 과실을 제대로 즐기고 누리지 못한다. 아는 게 없는 데 어떻게 누릴 수가 있겠는가? 그러니 이제부터라도 방향을 바꾸라. 삶의 목표는 성공이 아니라 행복에 있다. 지금이라도 늦지 않다. 진정 자녀의 행복을 바란다면 시간을 내어 자녀와 마주 앉아 왜 살아야 하는지, 어떻게 살아야 하는지 진지하게 대화를 해 보라. 그러면서 자기 가치관도 분명하게 정립해 보라. 이것이 아이를 행복으로 향하게 하는 첫 걸음이라고 생각하면서.

둘째, 오락정신을 발휘하며 잘 놀고 즐기는 모습을 보여 주자. 즐겁고 행복하게 사는 비결의 하나가 잘 놀고 즐기는 것이다. 그런데 이 잘 놀고 즐기는 일이 어느 날 갑자기 되는 게 아니다. 노래를 못하던 사람이 어느 날 갑자기 노래를 잘 부를 수 없듯이 놀고 즐기는 것도 갑자기 되지 않는다. 그러니까 평소에 잘 놀고 즐기는 생활양식에 익숙해질 필요가 있다. 따라서 자녀들이 잘 놀고 즐기며 행복하게 살기를 원하는 부모라면 평소 부모 스스로 잘 놀고 즐기며 살아야 한다. 일에 열중하다가도 일단 놀이를 시작하면 거기에 흠뻑 빠져서 재미있게 즐기는 행동이 습관이 되어야 한다. 부모가 이렇게 행동하면 함께 사는 자녀들은 자연스럽게 노는 법, 즐기는 법을 터득하게 된다. 그리하여 놀고 즐기는 일이 일상적인 삶의 양식으로 아이들 몸에 스미고 밴다. 다만 부모가 놀거리나 오락거리로 삼는 대상을 신중하게 선택할 필요가 있다. 자칫 퇴폐적이거나 정신건강에 해를 끼칠 수 있는 놀이와 활동은 자녀들에게 나쁜 영향을 줄 수 있으므로 당연히 피해야 한다. 때로는 부모가 직접 나서서 자녀들에게 적극적으로 놀이 활동을 하라고 부추길 수도 있다.

셋째, 자녀에게 맞는 놀거리를 찾도록 돕는다. 놀거리란 '성공을 향해서 바쁘게 움직이던 마음을 잠시 쉬게 하면서 활력을 찾는 데 도움을 주는 다양한 놀이 활동'을 말한다. 백사는 해학과 익살 그리고 풍류를 일종의 놀거리로 활용했는데, 놀거리는 사람의 개성에 따라 얼마든지 달라질 수 있다. 심한 경우 어떤 사람에게는 '일'이 다른 사람에게는 '놀이'가 될 수도 있다. 어쨌거나 마음을 쉬고 재충전하기 위해 놀이를 하고 싶은데 무엇을 하며 놀아야 할지 모른다면 이것도 쉽게 넘어갈 문제가 아니다. 만일 자녀가 놀고는 싶은데 무엇을 하며 놀아야 할지 모르겠다고 고백하면 자녀와 함께 진지하게 놀거리를 찾는 시간을 갖는 것도 좋다. 이때 구체적인 놀거리를 찾기 전에 먼저 놀이의 의미와 가치에 대해 충분히 토론을 함으로써 자녀에게 놀이의 필요성을 충분히 인식시키는 것이 중요하다.

자녀에게 맞는 놀거리를 찾을 때는 자녀의 다양한 특성, 자녀의 심리사회적 환경, 놀거리의 시·공간적 접근성 등을 두루두루 고려해야 한다. 평소 자녀를 예민하게 관찰해 온 부모라면 이 과정에 많은 도움을 줄 수 있을 것이다. 단, 자녀의 놀거리를 결정하는 사람은 부모가 아니라 자녀라는 점을 명심하고 부모는 조언과 제안을 하는 수준을 넘지 않도록 한다. 자녀가 내린 최종 결정을 존중해 주는 일 역시 부모 몫이다.

참고문헌 | 이종화(1977). **백사 이항복 일대기**. 혜성출판사.
임재완 역(2005). **백사 이항복 유묵첩과 북천일록**. 삼성문화재단.
민족문화주진위원회(2007). **국역 백사집 전 4권**. 한국학술정보.

9.
창의력은
아버지에게서 비롯된다

창의력을 물려준 아버지 토정 이지함

대중화, 몰개성화, 획일화로 치닫던 사회문화적 흐름이 어느 덧 개별화, 개성화, 다양화를 중시하는 경향으로 바뀌었다. 이 과정에서 창의성은 특별한 주목을 받고 있다. 생존과 경쟁에 유리한 고지를 차지하려면 남과 무엇이 달라도 달라야 하는데, 창의성이 바로 그 역할을 해 준다고 사람들은 굳게 믿기 때문이다. 이런 현상은 교육에서도 예외가 아니다. 그래서 모두 창의성 교육에 열을 올린다. 공교육에서 '창의성 신장'을 교육목표로 삼은 것은 이미 오래전 일이고 학부모들은 앞 다투어 자기 자녀에게 창의성을 키워 주려고 안간힘을 쓴다. 심지어 어떤 이들은 창의력 검사에 나오는 문항 내용을 가르치면 창의력이 올라간다고 믿고 아주 열심히 자녀들에게 창의력 검사 문항을 암기시키기도 한다.

창의력도 지적 능력의 하나이므로 마음에 두고 열심히 연습하면 틀림없이 향상될 수 있다. 하지만 가장 좋은 방법은 자녀들의 삶에서 창의성이 자연스럽게 피어날 수 있도록 이끌어 주는 일이다. 창의성이 자연스럽게 피어나게 하려면 부모가 어떻게 해야 할까? 열쇠는 부모가 살아가는 삶의 방식에 있다. 창의적으로 살아가는 부모를 지켜보며 자라나는 아이들은 너무나 자연스럽게 창의적인 삶을 살아간다. 그러니까 부모인 '나'부터 창의적으로 살면 된다. 조선 시대 3대 기인으로 꼽히는 토정 이지함 (1517~1578) 선생의 삶을 통해 창의적으로 살아가는 법을 배워 보자.

아들들의 인생에 큰 영향을 끼친 아버지

토정 이지함은 여러 가지 파격적인 일화를 많이 남긴 조선 시대의 기인이다. '기인(奇人)'이라는 말은 보통 사람의 눈에 이상하게 보이는 특이한 사람을 가리키는 용어다. 그런데 토정의 삶을 찬찬히 들여다보며 현대적으로 해석해 보면 그는 단순한 기인이 아니라 시대를 앞서 간 창의적인 선각자라 할 수 있다. 그의 언행에 이해할 수 없는 부분이 있기는 하지만 그의 삶은 '실용적 창의성'이라고 표현할 수 있는 뚜렷한 원리가 지배하고 있다. 사실 '실용적 창의성'이라는 측면에서 보면 그가 보인 기이

한 행적조차도 이해 못할 바는 아니다. 성리학적 원리를 바탕으로 사람들의 삶을 꽁꽁 묶어 획일화시키는 사회에서 남들과 아주 다르게 먹고, 입고, 자고, 행동하는 일 자체가 커다란 사회적 의미를 갖기 때문이다.

토정은 아들 넷을 낳았는데, 둘째 산휘와 넷째 산겸이 비교적 오래 산 것으로 기록되어 있다. 첫째 산두는 20세경에, 셋째 산룡은 12세 경에 병으로 일찍 죽었다. 토정이 세상을 떠날 때 살아 있던 아들은 둘째 산휘와 넷째인 서자 산겸이었는데, 둘째 산휘마저 토정의 시묘살이를 하던 중 호환을 당하여 죽고 만다.

토정에 관한 자료에는 자녀들에 대한 언급이 딱 두 군데 있는데 하나는 토정 스스로가 했다는 "산두의 덕은 나의 벗이 될 수 있고, 산휘의 덕은 나의 스승이 될 수 있다."는 말이고, 다른 하나는 다음의 일화다.

공의 둘째 아들 산휘도 음률에 밝았다. 하루는 어떤 사람이 찾아와서 공에게 먹을 청한 적이 있었다. 공은 그 뜻을 거문고로 탔다. 산휘는 그 즉시 알아듣고 먹을 가지고 나왔다.

또 한 번은 공이 거문고를 타는데, 그 음률의 뜻이 전국시대의 숨은 선비 노중련을 가리키고 있었다. 산휘는 금방 알아듣고 말했다.

"어르신께서 노중련을 생각하고 계시는군요."

공은 아산에 있는 동안 병에 걸려서 구토를 했는데 손으로 놋타구를 두드리면서 아들 산휘에게 그 소리를 들려주었다. 산휘는 그 소리가 전하는 뜻을 알면서도 일부러 이렇게 아뢰었다.

"소리가 매우 화기롭습니다. 어르신께서는 필경 편안함을 얻으실 것입니다."

그리고 문밖에 나와서 발을 구르며 가슴을 치고 눈물을 흘렸다. 공은 마침내 병석에서 일어나지 못하고 세상을 떠났다. 아, 이들 부자야말로 모두 세상에 보기 드문 기이한 선비라 하지 않을 수 있겠는가!

이 두 가지 기록은 토정과 두 아들 사이의 관계, 그리고 두 아들들이 살아간 모습에 대해 어림짐작을 가능하게 한다. 먼저 토정과 두 아들은 유사한 생활 철학을 가지고 살았던 것 같다. 토정이 '덕'이라는 말로 자신과 두 아들의 삶을 비교할 수 있었던 것은 일단 세 사람이 서로 비교가 가능한 비슷한 철학적 원리에 따라 살았기 때문에 가능했을 것이다. 일반적으로 서로 다른 두 대상을 비교하려면 비교할 '차원'이 같아야 한다. 즉, '비교'는 동일한 어떤 '차원'에서 대상들의 우열이나 서열을 따지는 행위다. '키'를 비교한다든가 '성적'을 비교한다고 생각하면 분명하다. 만일 이 차원이 다르면 서로 비교가 어렵다. 이를테면 유교적 원리에 따라 사는 사람과 불교적 원리에 따라 사는 사람의 덕을 비교하기는 쉽지 않다. 서로 지향하는 철학과 가치관이 다르므로 동일 차원에서 두 사람의 덕을 비교하는 잣대를 들이대기 어렵기 때문이다.

토정은 유·불·도 삼교를 통섭하는 생활 철학을 실천하며 살아간 것으로 알려져 있는데 자신과 두 아들의 삶을 비교하려 했다는 점에서 토정의 두 아들 역시 아버지와 비슷한 길을 걸었다고 추리할 수 있다.

아버지 토정이 두 아들의 덕을 높이 평가한 것도 인상적이다. 두 아들 모두 나이 20세가 되기 전인데 한 아들은 아버지와 비슷한 수준, 한 아들은 아버지를 능가하는 수준에 도달했다는 평은 정말 파격적이다. 이 말이 단순한 꾸밈말이 아니라면 두 아들이 얼마나 열심히 아버지와 닮은 삶을 살아가려고 했는지 짐작이 간다. 그러니까 이들은 아버지가 모범을 보이며 살아가는 길을 '대충대충, 어렴풋이, 마지못해서'가 아니라 온 마음과 몸을 바쳐 열정적으로 따라간 것이다. 아버지에 대한 아들들의 사랑과 존경이 정말 대단했음을 알 수 있다.

악기 소리로 서로의 마음을 통할 수 있었다는 일화 역시 아들 산휘와 아버지 토정의 관계, 그리고 산휘가 살아간 인생 여정을 잘 드러낸다. 흔히 마음이 통하는 막역한 친구 사이를 '지음지기'라고 한다. 자신의 음악을 알아주는 유일한 친구가 죽자 거문고 줄을 끊었다는 백아와 종자기에 얽힌 고사성어다. 토정과 산휘는 지음지기를 넘어설 정도로 악기를 통해 아주 섬세하게 마음을 표현하고 읽어 낼 수 있었다. 이는 소리를 다루는 두 사람의 역량이 뛰어났다는 사실은 물론이요 두 사람이 마음을 나누는 소통 수준이 엄청났다는 사실을 말해 준다.

아버지 토정은 그렇다치고 아들 산휘는 이 정도 수준에 도달하기 위해서 어떻게 살았을까? 잘은 모르겠지만 과거 공부에나 열중했다면 어림도 없었을 것이다. 그러니까 산휘의 일상은 출세길에 오르기 위해 과거 공부에 몰두하던 당시 양반 자제들의 생활과 판이하게 달랐을 것이다. 아마 아버지처럼 삶과 세상에 대한 호기심을 가지고 역사, 천문, 지리, 의약, 복서, 역학, 음악, 산수, 풍수, 비결 등 온갖 종류의 지식을 열심히 배워 나갔을 것이다. 실제 토정의 아들들은 아버지와 똑같이 과거 길에 들어서지 않았다.

그러므로 자료가 부족하다고 해서 토정이 아들들의 인생에 엄청난 영향을 주었다는 사실을 의심하지 말자. 남다르게 창의적이고 자유롭게 세상을 살아간 아버지 토정은 아들들에게 감동 그 자체였고 평생 따르고 싶은 모범이었다. 이 점을 염두에 두고 창의성이 넘치는 토정의 삶속으로 여행을 떠나보자.

자유인 이지함

토정은 일단 외모와 행동이 남달랐던 모양이다. 그는 보통 사람보다 머리 하나가 더 컸고 발이 한 자를 넘었으며 건장한 체격

에 둥글고 검은 얼굴을 하고 있었고 안광이 빛나며 목소리는 맑고 우렁찼다. 평생 베옷에 짚신을 신고 머리에는 상민들이 쓰는 패랭이 갓을 쓰고 다녔는데, 마포에 살 때에는 쇠붙이를 두들겨 만든 쇠갓을 쓰고 외출했다가 집에 돌아오면 쇠갓을 벗어 솥으로 사용했다. 토정은 대나무 지팡이를 짚고 다녔는데 길을 가다가 피곤하여 졸음이 오면 두 손은 지팡이를 잡고 두 다리를 벌리고서 낮잠을 잤다. 그렇게 서서 잘 때는 코 고는 소리가 천둥소리와 같았다. 그는 한 곳에 오래 머무르지 않고 전국 산천을 떠돌아다니며 안 가 본 곳이 없고, 제주도에도 세 번이나 다녀왔으며, 어떤 때는 열흘 동안 익은 음식을 먹지 않기도 했고 한더위에도 물을 마시지 않아 주위 사람들을 놀라게 했다. 사대부들과 어울려 놀면서 마치 옆에 사람이 없는 듯 자유롭게 행동한 일도 한두 번이 아니다.

참으로 독창적인 토정의 이런 모습은 그가 어느 것에도 매이지 않은 자유인이라는 사실을 여실히 보여 준다. 모두에게 같은 길을 가라고 강요하는 닫힌 사회에서 토정은 과감하게 자리를 털고 일어나 다르게 살 수 있다는 사실을 온몸으로 보여 주었다. 물론 이렇게 하기 위하여 당시 조선 사회가 보장하던 출세 길을 희생해야 했지만 토정은 그보다 더 귀하고 소중한 '다른 것'들을 얻을 수 있었다. 진실로 자유로운 정신이 없었다면 도저히 불가능한 일이었다.

토정이 자유인으로 살겠다고 결심한 데는 여러 가지 원인이 있다. 그중 하나는 세상을 보는 토정의 안목이다. 토정은 율곡 이이와 두터운 교분을 쌓고 있었는데 한때 둘 사이에서 다음과 같은 대화가 오갔다.

율곡　선생님, 성리학에 전념하여 공부하는 것이 어떻겠습니까?

토정　나는 욕심이 많아서 성리학에만 매달릴 수가 없네.

율곡　명리나 요란스러운 것을 싫어하시는 분이 무슨 욕심이 있으시기에 학문에 방해가 된다는 말씀입니까?

토정　왜 하필 세속의 명예와 이익, 음악과 여색 따위만 욕심이라고 하겠는가. 마음이 지향하는 것도 천지자연의 이치가 아니면 모두가 인간의 욕심이라고 할 것일세. 나는 내 멋대로 거침없이 사는 생활을 좋아해서 내 스스로 내 한몸조차 단속하지 못하고 있네. 이 역시 물욕이 아니겠는가.

이 대화에서 토정은 자신이 지향하는 세계가 성리학 밖의 것임을 분명하게 밝히고 있다. 성리학적 사고에 젖어 있는 율곡에게는 낯설겠지만 토정의 눈에는 욕심을 부릴 만한 대상들이 아주 많았다. 토정은 현대 심리학자들이 말하는 지적 욕구, 자아실현 욕구, 자아초월 욕구 이런 것들을 500여 년 전부터 이미 말하고 있었다. 성리학은 토정 자신이 가진 지적 욕구조차 충분히 만

족시킬 수 없다는 사실을 일찍부터 간파하고 있었던 것이다. 토
정의 이런 인식은 화담 서경덕을 비롯하여 그가 만난 스승과 방
외지사의 영향을 받은 것일 게다.

또 하나는 벼슬길에 대한 회의다. 토정도 처음에는 과거 공부
를 했던 흔적이 있다. 결혼하고 장인집에 머물면서 1년 동안 사서
삼경을 통달하고 과거 공부에 열을 올렸다. 하지만 토정이 33세
되던 해 사관으로 일하던 절친한 친구 안명세(1518~1548)가 을
사사화(1545)에 후폭풍에 휘말려 억울한 죽임을 당하는 것을 보
면서 과거를 보아 벼슬을 하겠다는 생각을 완전히 끊어버린 듯
하다. 훗날 조헌이 조정에 올린 상소문에서 '토정이 미친 척하며
자신의 재능을 감춘 의도는 세속의 화를 피하기 위해서였을 뿐'
이라고 한 대목이 이런 사실을 뒷받침한다.

어쨌거나 토정은 젊어서 벼슬길로 나아가는 대신 자유롭게 여
러 가지 공부를 접한다. 그의 삶에서 보이는 창의성은 이렇게 공
부하여 쌓은 다양한 분야에 대한 해박한 지식을 배경으로 삼고
있다. 기록에 의하면 토정은 역사, 천문, 풍수지리, 역학, 복서(길
흉 점치기), 율려(음악 또는 그 가락), 산수, 신방(효험이 신통한 약방
문), 관상 등에 정통하였다고 하는데, 이렇게 여러 분야에 정통한
지식을 갖추기란 그리 쉬운 일이 아니다. 이 말이 사실인지 『토
정집』에 있는 자료들에서 일부 근거를 찾아보자.

각종 학문에 능통하다

『토정집』에는 토정이 선비들의 추천을 받아 만년에 포천현감과 아산현감을 지내면서 임금에게 올린 상소문이 실려 있는데, 이 내용을 읽다보면 역사에 대한 토정의 지식에 감탄을 금할 수 없다. 엄청나게 많은 역사 인물과 고사성어가 인용되고 있기 때문이다. 성리학에서 중시하는 경전은 물론이요 각종 고전과 역사서를 두루 섭렵하지 않고서는 이런 글이 나올 수가 없다.

천문에 정통했다는 근거는 다음 일화에서 찾을 수 있다.

하루는 관상을 잘 본다는 사람이 새벽녘에 선생의 집을 찾아와서 대문을 두드리며 이렇게 여쭈었다.

"근래에 소미성(사자자리의 별)의 별빛이 희미해진 지가 오래인데 간밤에는 갑자기 빛이 아주 없어졌습니다. 어르신네께 재앙이 닥치실 터이기에 특별히 위로를 해 드리고자 왔습니다."

그 말에 선생은 이렇게 응수했다.

"허어, 나 같은 사람이 어떻게 그런 징험에 해당이 되겠는가. 반드시 남명 조 처사께 재앙이 있을 것일세."

그로부터 얼마 안 되어 과연 남명 조식이 세상을 떠났다.

조헌과 토정이 대화를 하고 있을 때 마침 하늘에 꼬리를 길게 늘인 혜성이 나타났다. 중봉은 그 살별을 가리키며 선생에게 길조인지 흉조인지를 물었다. 선생의 대답은 이러했다.

"별의 꼬리가 길면 화가 더디게 오고 짧으면 빨리 오는 법이다. 저 혜성을 보니, 15년 후에는 이 나라에 피가 천 리나 흐를 징조다(임진왜란). 그러니까 자네가 15년 안에 옛날 성현들의 글을 많이 읽고 임금에게 덕을 권장하여, 난리가 사라지고 앙화가 없어지게 해야 한다. 그렇게 한다면 흉조가 어느 정도는 길조로 바뀌어 백성들이 그 덕을 보게 될 수도 있을 것이다."

풍수지리에 대해서도 관련 자료가 있다.

토정은 57세가 되던 만년에 선조 임금에 의해 탁행(卓行: 본받을 만한 뛰어난 행동)으로 인한 특채 형식으로 발탁되어 벼슬길에 나섰다. 이때 종6품에 해당하는 포천현감에 임명되는데, 발령을 받은 후 임진강의 범람을 미리 예견하여 제방공사를 벌림으로써 많은 인명을 구하고 재산을 보전하였다는 기록이 있다.

선생은 부모를 장사지낼 때 묏자리를 보니, 자손 가운데서 두 명의 정승이 나올 만한 명당이지만 막내아들에게는 불길하다고 하였다. 그 막내아들이 바로 선생 자신이었다. 그런데도 선생은 매장을 강행하면서, 불길한 재앙이 내리면 스스로 받겠다고 했다.

나중에 과연 산해, 산보는 1품 벼슬에 올랐으나, 선생의 자손들은 요절하거나 현달(顯達: 벼슬, 명성이 높아서 이름이 세상에

드러남)하지 못했다. 그보다 앞서 토정의 형 사정이 토정에게
이런 말을 한 적이 있었다.

"이 산은 오른편이 넉넉하지 못한데, 그 재앙은 네가 받아야
할 것이다. 그게 흠이다."

그러자 선생은 이렇게 대답하였다.

"저의 자손들이야 비록 당장은 침체하고 보잘것없겠지만, 그
래도 5~6대쯤 내려간 뒤에는 꼭 넉넉해질 것이고, 또 현달할
조짐도 없는 것이 아닙니다."

실제로 토정의 자손이 처음에는 명을 다하지 못하고 일찍 죽는
자도 있었으나 끊어지지 아니하고 실과 같이 이어지다가 100년
이 지난 후에는 증손자들이 100명이 넘고 높은 벼슬자리에 오르
는 등 현달하는 자들도 많아 세상의 부러움을 샀다고 한다. 토정
의 예언이 적중한 것이다.

토정은 역학과 점에 대해서도 일가견이 있었던 것으로 전해진
다. 일찍이 토정은 화담 서경덕에게 학문을 배운 바 있는데 토정
과 화담은 『홍연진결』이라는 역학 책을 함께 지었다고 한다. 이
책은 기문둔갑(음양의 변화에 따라 몸을 숨기고 길흉을 택하는 용병술)
을 우리나라 실정에 맞게 수정한 것으로 육친관계, 부모, 처자
식, 형제 등의 덕, 재산, 수명, 성품을 알 수 있게 하였다고 한다.
또 다른 토정의 저서로는 『월영도』와 『토정가장결』이 있는데,

『월영도』는 『주역』과 『홍연진결』을 종합하여 사람들의 운명을 점치는 책으로 현재까지 전해지고 있으며, 『토정가장결』은 위급한 상황을 당하여 가족이 처신할 바를 알려 준 일종의 미래 예언서다. 일 년 운세를 점치는데 사용되는 『토정비결』은 토정의 작품이 아니라는 것이 정설이다. 토정의 조카 산해가 기록한 다음 일화는 토정에게 앞을 내다보는 예지력이 있었음을 알려 준다.

하루는 (공이) 나의 아버지 이치에게 말하기를 "내가 부인의 집을 보건대 길한 기운이 없으니 떠나지 아니하면 화가 장차 몸에 미치게 될 것이오." 하고 처자를 거느리고 서쪽으로 가셨는데 과연 익년에 화가 있었다[을유사화(1549) 때 장인인 모산수 이정랑이 무고를 당하여 일족이 파멸당하는 화를 입은 사실이 있음].

토정은 관상과 운명도 잘 보았던 것 같은데 사람의 목소리와 얼굴 빛깔만 가지고도 대번에 길흉을 알아내었고, 위태로운 일이 닥치는 것도 미리 알아차렸다. 학문은 깊고 넓었으나 강론은 하지 않았으며, 과거 공부에 힘쓴다거나 출세와 명예를 바라지도 않았다.

그의 형님인 판서 이지번의 아내가 임신하여 만삭이 되었을 무렵이었다. 어느 관상쟁이가 토정에게 물었다.
"공의 형수님께서 부인이 해산할 때가 다가왔는데, 과연 아들을 보는 경사가 있을는지요?"

공이 대답하였다.

"어제 사내아이를 얻었는데, 한 나라의 재상감이었네."

"그것을 어떻게 아십니까?"

사람들이 물었다.

"울음소리를 듣고 알았네."

그 사내아이가 바로 선조 때 영의정에 오른 아계 이산해였다.

상사(소과 급제를 한 생원 및 진사의 별칭) 윤준은 당시에 시를 잘 짓기로 이름이 나 있었는데, 한번은 그가 시를 지어 이 판서에게 보내고 잘못된 곳을 바로잡아 달라고 하였다. 이 판서는 그 시를 보고 크게 칭찬하였다. 그때 마침 공이 곁에 있다가 물었다.

"형님은 액운이 긴 사람의 시를 가지고 뭘 그리 과찬하십니까?"

이 판서는 공을 나무랐다.

"앞날이 창창한 젊은이를 놓고 무슨 말을 그렇게 함부로 하는가?"

그러자 공은 웃으면서 이렇게 말하는 것이었다.

"훗날 제 말이 맞을 테니 두고 보십시오."

과연 윤 상사는 을유사화에 연루되어 철시에서 육시(몸을 찢어 죽이는 형벌)를 당하였다.

이 밖에도 토정의 박학다식함을 나타내는 이야기들은 아주 많은데 그중 한 가지만 더 살펴보자.

토정은 실학의 선구자로 불릴 정도로 실용학에도 깊은 조예가 있었다. 그의 실용학적 지식은 훗날 현감이 되어 마을 백성을 다스리고 구휼하는 데 큰 도움이 되었다.

앞의 일화에서 보았듯이 처가에 재앙이 닥칠 것을 미리 알아챈 토정은 처가 식구들을 데리고 서쪽 바닷가로 멀리 떠난다. 이곳에서 토정은 처가 식구들을 먹여 살리기 위해 고기를 잡고 소금을 만들어 팔았다. 또 서해의 고향 앞바다 섬에 들어가 박을 심었다가 가을에 수확해 바가지로 만들어 팔기도 했다. 이렇게 해서 토정은 수년 만에 수천 섬의 양곡을 모을 수 있었고, 그 양곡으로 가난한 사람들을 구제할 수 있었다.

이때 쌓은 경험은 현감 시절 백성을 다스리는 데 많은 도움이 되었을 것이다. 포천현감 시절 임금에게 올린 상소문 중에 연고와 주인이 없는 전라도 만경현의 양초도와 황해도 풍천부 초도를 포천에 빌려 주면 어염(고기잡이와 염전) 사업을 통해 민중을 구제하겠노라고 장담한 것, 옥을 채취하고 은광을 개설하여 제련하는 일을 허락해 달라고 요구한 것 등은 실용학에 대한 자신감이 있었기에 가능했던 일이다.

지금까지 간단하게 검토해 본 내용만 보아도 토정이 얼마나 많은 분야에 얼마나 깊은 지식과 다양한 경험을 쌓았는지 가늠하기 어렵지 않다. 깊은 지식과 다양한 경험은 이를 획득하는 과정 자체도 가치있지만 그 결과 윤택하고 풍부한 삶을 누리게 하는 원동력이 된다는 점에서도 아주 중요하다. 창의성이 번뜩이는 삶 역시 깊은 지식과 다양한 경험이 뒷받침되어야 가능하다는 점을 잊지 말자.

그러면 토정의 창의성은 어떻게 발휘되었을까?

첫 번째 창의성 – 역발상

토정은 역발상 내지는 틀 바꾸기에 능란하였다. 역발상이나 틀 바꾸기란 '일상적인 사고방식에 어깃장을 놓아 의미를 뒤집는 것'을 말한다. 다음 일화를 보자.

1578년 3월에 선생이 율곡을 만났는데 그 자리에는 당대의 명사들이 즐비하게 모여 있었다. ······(중략)······ 선생은 또 이렇게 말씀하셨다.

"지난해엔 요성(妖星: 요망한 별)이 떴다고 다들 야단들이었지만, 나는 그 별을 서성(瑞星: 상서로운 별)으로 여기고 있다네."

"그게 무슨 말입니까?"

율곡이 물었다.

"저간의 인심과 세상 돌아가는 꼴을 보시게. 궤도가 모조리 무너져서 장차 큰 변고가 닥칠 조짐이 아닌가. 그런데 작년엔 요망한 별이 나타나는 바람에 윗사람 아랫사람 할 것 없이 다 들 두려워했네. 그리고 그 덕분에 무너져 버린 인심도 차차로 바뀌어 큰 변고를 면했던 게 아니겠나. 그러니 그게 곧 상서로 운 별이 아니고 무엇이겠나?"

요성이 결국 사람들을 조심스럽게 행동하게 만들었으므로 실은 요성이 아니라 서성이라는 풀이다. 이렇게 뒤집어 생각하면 요성의 등장은 겁내고 떨어야 할 흉사가 아니라 반갑게 환영해야 할 경사로 의미가 바뀐다.

혼히 세상 사람들은 다른 사람들이 자기를 알아주기를 간절히 바란다. 하지만 잘 따져보면 남들이 자기를 알아준 바로 그 사실 때문에 재앙이 들이닥치기도 한다. 지음(知音)을 피하라, 즉 남들이 자기의 포부나 능력을 알아주기를 바라는 마음을 버리라는 토정의 역발상은 여기에서 나온다.

선비가 출세를 하거나 벼슬길에 오르는 것은 지음이 있기 때문이다. 그러나 어수선한 말세에서 맺는 지음은 재앙의 빌미일 뿐이다. 어째서 그런가? 재물의 씀씀이는 본디 나쁜 것이 아니지만 나라의 재앙이 거의가 재물을 잘못 쓰는 데서 비롯되고, 권세도 애초에는 나쁜 것이 아니지만 관원들의 재앙은 거의가 권세를 함부로 쓰는 데서 비롯하는 것이다. 귀중한 보물을 간직하는 것은 본디 나쁜 것이 아니로되, 보통 사람의 재앙은 거의가 그 귀중한 보물을 간직할 만한 능력이 없는 데서 비롯되듯이, 지음도 당초부터 나쁜 풍습이 아니었는데, 어진 선비들의 재앙은 거의가 말세에 잘못 맺은 지음에서 비롯된 것이었다.

정영(친구 선맹의 아들을 위해 목숨을 버림)은 선맹이 알아주지 않았으면 왜 재앙을 당했으며, 형가(위나라 사람으로 연나라 태자 단의 부탁을 받고 진나라의 함양에 가서 시황제를 암살하려고 했으나 실패하고 죽음)는 연나라의 태자 단이 알아주지만 않았으면 왜 재앙을 당했겠는가. 한신(한나라의 창업에 소하, 장량과 더불어 삼걸로 꼽히는 사람. 한나라가 통일된 후 초왕이 되었으나 여후에게 피살됨)은 소하에게 지음을 받지 않았으면 재앙을 당할 일이 없었을 터이고, 제갈량도 서서에게 능력을 인정받지 않았으면 재앙을 당할 까닭이 없었을 것이다.

이렇게 남에게 지음을 받은 이 치고 재앙을 입지 않은 이가 드물었다. 뿐만 아니라 그랬음에도 불구하고 곤경에 처하지 않고 욕을 보지 않은 채 제대로 처신한 이가 있었다는 말을 나는 듣지 못했다. 그러므로 사람들 중에서 누군가가 지음을 맺기를 원하는 이가 있을 경우에 현명한 선비는 먼저 피하고 볼 일이다. 서로 만나고도 재앙을 끼치지 않는 지음이 있다면, 오로지 산수자연과 맺는 지음뿐이며, 들녘에서 농사를 짓는 동안 자연스럽게 맺어지는 지음이 있을 따름이다.

이렇듯 발상을 뒤집으면 꼭 어느 하나가 옳다고 고집을 부릴 일이 아니다. 사람들이 소망하는 큰 사람(대인)으로 사는 길도 그렇다. 사람들이 당연하다고 여기는 대인의 길은 전혀 대인의 길이 아닐 수 있다. 대인이 되기를 포기하는 길이 오히려 진정한 대인이 되는 지름길일 수 있다.

인간은 누구에게나 네 가지의 소원이 있다. 안으로는 슬기롭고 강해지기를 원하며, 밖으로는 부유하고 존귀해지기를 원하는 것이 그것이다. 존귀함은 벼슬을 하지 않는 것보다 더 존귀한 것이 없고, 부유함은 탐욕을 부리지 않는 것보다 더 부유한 것이 없다. 강함도 다투지 않는 것보다 더 강한 것이 없고, 슬기로움도 알지 않는 것보다 더 슬기로운 것이 없다. 그러나 알지 못하면서도 슬기롭지 못한 경우가 있는데, 이것은 심성이 혼미하고 어리석은 탓이다. 다투지 않으면서도 강하지 못한 경우가 있으니 이것은 심성이 나약한 탓이다. 탐욕을 부리지 않는데도 부유하지 못한 것은 심성이 가난한 탓이요, 벼슬을 하지 않아도 존귀하지 못한 것은 심성의 바탕이 천박한 까닭이다. 아는 것이 없으면서도 슬기롭고, 다투지 않으면서도 강하며, 탐욕을 부리지 않으면서도 부유하고, 벼슬을 하지 않으면서도 존귀하게 되는 것은 오로지 큰 사람만이 할 수 있는 일이다.

이쯤하면 토정이 즐겨 사용한 역발상이 어떤 것인지 충분히 이해할 수 있을 것이다. 그런데 토정은 개념을 바꿀 때뿐 아니라 사람을 평가하고 현실 문제를 해결하는 데에도 역발상을 즐겨 적용한다.

어떤 사람이 선생에게 중봉 조헌에 대하여 평하였다.

"이른바 인재라고 하면 큰 일을 맡아서 제대로 처리할 수 있는 사람이온데 조공이 절개와 의리를 잘 지킨다는 사실이야 다들 알고 있습니다만, 실용적인 일에 마땅한 인물을 찾는 자리에서는 거론할 만한 인물이 아닌 듯합니다."

그러자 선생은 다음과 같이 말했다.

"자고로 큰 일을 맡을 사람은 늘 안빈낙도를 해야 하네. 제 임금을 사랑하고 나라 일을 걱정한 사람치고 그렇지 않은 사람이 어디 있었던가? 조군의 인품으로 말하면 정말이지 자네들 같은 수준에서는 못 알아보는 것이 오히려 당연한 일이네. 세상 사람들은 그 사람이 세상 돌아가는 형편에 어둡다거나 실제와는 거리가 먼 무능력자려니 하고 중구난방으로 비판들을 하고 있네. 그러니 내가 지금 한 말도 들으면 어지간히 비웃을 것이네. 그러니까 자네도 혼자만 알고 부디 다른 사람들에게는 입 밖에 내지 말도록 하게. 세월이 가면 내 말이 헛말이 아니었다는 것을 자연히 알게 될 것이네."

보통 사람의 눈에 실용적인 일에 무지하고 가난하게 사는 조헌은 무능한 사람에 불과하지만, 토정의 눈은 바로 이 실용적 무능함이 큰 일을 당하면 큰 역할을 해낼 수 있는 뛰어난 자질임을 알아챈다. 실제로 조헌은 후에 일어난 임진왜란 때 큰 역할을 한 바 있다.

아산현감으로 부임한 직후 행한 다음 이야기도 역발상에 근거를 두고 있다.

선생은 아산 고을에 부임하자마자 백성을 불러서 가장 힘겹고 괴로운 것이 무엇이냐고 물었다. 백성은 '연못에 물고기를 기르는 일'이라고 말했다. 아산 고을은 물고기를 기르는 연못이 있었다. 관아에서는 한겨울에도 툭하면 백성을 동원하여 얼음을 깨고 물고기를 잡아 바치게 하였는데, 백성은 이구동성으로 그것을 가장 괴로운 일로 꼽았던 것이다. 선생은 그 즉시 연못을 메우게 하여 백성의 후환을 영영 끊어 버렸다.

연못을 그대로 두고 개선책을 찾으니 아예 연못을 없애 버림으로써 백성의 근심거리를 뿌리째 뽑아 버린 것이다. 이렇게 생각을 바꾸면 문제를 해결할 수 있는 길이 의외로 쉽게 열린다. 토정에게 오면 역발상이 아주 쉽게 느껴지는데, 이는 아마도 세상사를 보는 토정의 안목에 지혜가 담겨 있기 때문이리라.

두 번째 창의성 – 비유법

토정은 비유법을 잘 활용하였다. 비유법은 표현하고자 하는 대상을 다른 대상에 비추어 표현하는 수사법으로서, 창의성을 드러내는 또 하나의 방법이다. 토정의 상소문에는 쉽고 재미있는 비유가 많이 등장하는데 아마도 임금을 쉽게 설득하려는 노력의 하나로 여겨진다.

아산에 부임하고서 부임지의 폐단을 아뢰는 상소문을 토정은 다음과 같이 시작한다.

> 엎드려 생각하옵건대, 단사(약 이름)가 비록 영원한 효능을 갖춘 약재라 해도 열병을 앓는 환자가 먹으면 죽고, 불결한 오줌이라고 해도 열병 환자가 먹으면 죽지 않고 살아난다 하였으니, 남의 말을 받아들여 쓰는 도리도 이와 같다고 하겠습니다.

그리고 문제의 심각성을 역시 비유로 표현하며 글 마무리에 들어간다.

> 아아, '저 옛날의 명군 순임금은 백성의 힘을 다 짜내어 쓰지 않았으며 조보라는 유명한 마부는 마필의 기력을 다 짜내어 쓰지 않았다.' 고 하였는데, 이제 우리나라는 백성의 기력을 다 쥐어짜내어 쓰고도 또 쥐어짜고 있으니, 그 끝이 어떻게 날는

지 모르겠습니다.

임금이 듣기 역겨운 이야기를 비유를 들어 설명함으로써 상소문의 충격을 줄이되 의도한 효과를 얻으려는 심정이 느껴진다.

아산에 앞서 포천현감으로 있을 때 올린 상소문에서도 비유를 곳곳에서 발견할 수 있다. 토정은 백성을 잘 다스리려면 도덕, 인재, 자원의 세 가지 곳간을 잘 관리해야 하는데 이 세 곳간의 문이 닫혀 있어서 큰 문제라고 지적한다. 백성을 다스리는 데 필수적으로 고려해야 할 덕목을 곳간에 비유한 것이다.

아, 역대의 제왕들 가운데 어느 누가 이 세 곳간을 열어서 백성의 삶을 넉넉하게 해 주려고 하지 않았겠습니까만, 도덕의 곳간을 열려고 하면 육체적인 사사로운 욕심이 그 문을 닫아 버리고, 인재의 곳간을 열려고 하면 간사스러운 신하들이 그 문들 닫아 버리고, 온갖 자원의 곳간을 열려고 하면 샘하고 질투하는 무리가 그 문을 닫아 버리곤 하였습니다.

이렇게 말하면서 토정은 합리적인 대안을 제시하는데 이 역시 비유를 들어 설명하고 있다. 먼저, 도덕의 곳간이다.

도덕의 곳간이 열리면 육체적인 생활이 아무리 가난해지고 싶어도 마침내는 넉넉해지지 않을 수가 없습니다. 옛날 사람들의 자취를 살펴보면, 유사 이래로 태평성대를 이룩한 요임금과 순임금은 살았던 집은 초가였고, 입었던 옷은 길이가 짧은 갈포 옷이었습니다. 먹은 음식은 머위국이요, 음식을 담은 그릇도 질그릇이었다고 합니다. 그렇다면 요임금과 순임금의 생활인즉 가난뱅이나 무지렁이와 다를 바가 없었을 것입니다. 그런데도 백성들의 육체적인 생활은 자손 대대로 넉넉하고도 남아서, 그 나머지 빛이 세상에 두루 미치어 천지 간에 장수를 누리고 복록을 얻었으며, 자손들이 끝까지 보전하여 오늘날에 이르도록 모든 백성의 사랑을 받고 있으니, 요임금과 순임금의 넉넉함은 과연 지극하다고 하겠습니다.

한마디로 "임금님, 당신부터 욕심을 줄이는 생활을 솔선수범하십시오."라는 말을 기분 나쁘지 않게 돌려서 하고 있다.

인재의 곳간을 열라는 주문에서도 역시 비유를 사용한다.

인재가 많은데도 알려지지 않은 것을 비유하면, 송곳은 주머니 속에 있으나 그 끝이 너무 깊숙이 감추어져 있어 드러나지 않는 경우와 같다고 봅니다. 그렇지 않다면 인재를 등용함에 있어서 인재를 적재적소에 배치하지 못하고 엉뚱한 부서에 바꾸어 써서, 그 인재로 하여금 자신의 재능을 끝내 발휘하지 못하게 만든 탓이라고 생각합니다.

인재를 어떻게 써야만 그 재능을 바꾸어 쓰지 않았다는 말을 듣겠습니까? 매는 꿩을 잡는 데에 쓰이고, 닭은 새벽을 알리는 데에 쓰이며, 말은 수레를 끄는 데에 쓰이고, 고양이는 쥐를 잡는 데에 쓰일 수 있습니다. 이 네 가지 동물은 그렇듯이 쓰임새에 따라 쓰이는 독특한 재능을 지니고 있다고 할 수 있습니다. 그렇지 않을 경우, 해동청 보라매는 천하에 드문 훌륭한 매이긴 합니다만, 이 날짐승에게 새벽을 알리는 임무를 맡긴다면 닭만도 못할 것이고 한혈구(피땀을 흘리며 달리는 천리마)는 천하에 보기 드문 명마이오나 이 짐승에게 쥐를 잡는 직책을 준다면 한갓 늙은 고양이보다 못할 것입니다. 그런데 닭으로 하여금 꿩 사냥을 하게 하거나, 고양이로 하여금 수레를 끌도록 할 수 있겠습니까. 이와 같이 한다면, 이 네 가지 짐승들은 모두 아무짝에도 쓸모없는 물건이 되고 말 것입니다.

그러니 인재가 없다고 하지 말고 있는 인재들을 제 자리에 제대로 앉히라는 말이다.

자원의 곳간을 열라는 부분에서는 아주 구체적인 주문이 펼쳐진다. 아마 이 부분이 토정이 이 상소문을 올리게 된 주요 원인인 것 같은데, 임금이 토정의 주문을 들어주지 않자 토정은 미련 없이 포천현감 벼슬을 그만둔다. 어쨌거나 이 부분에서 토정은 임금 주변에 선비가 이(利)를 말한다고 못마땅하게 여길 관리들이 있을 것이라고 예상하고 비유로써 임금을 경계하고 있다.

어떤 사람이 이렇게 말할지도 모릅니다.

"군자된 사람은 의리만을 언급할 뿐 이익을 따지지 않는 법인데, 어떻게 감히 재물과 이익을 논하는 일을 가지고 임금께 아뢰는가!" 하오나 이런 말을 하는 사람은 참으로 잔인하다고 하겠습니다.

손님이 처음 잔치 자리에 나가서 관모를 삐뚜름하게 쓴 채 자기 자리를 놔두고 자리를 자주 옮겨 앉는다면 그 무례를 나무라는 것이 옳습니다. 하지만 어린아이가 엉금엉금 기어서 우물가로 향할 때, 마음이 놀라서 미처 갓을 바르게 쓰지 못하고, 신을 제대로 신지 못한 채 엎어지고 자빠지며 달려가서 구하지 않을 사람이 어디 있겠습니까. 또한 어느 겨를에 그의 손매무시가 단정하지 못하고 발걸음이 신중하지 못하다고 나무랄 수 있겠습니까.

토정은 비유법을 습관처럼 사용한 듯하다. 토정 자신이 직접 쓴 임금께 올리는 상소문에서도 그렇거니와 평소 친하게 지내던 율곡이 토정의 행적을 기록한 글에서도 선생이 비유를 자주 썼다는 증거를 발견할 수 있다.

세 번째 창의성—실행 가능한 대안 제시

토정은 실행 가능한 대안을 제시하였다. 어떤 상황에 처해서 문제를 지적하는 일은 별로 어렵지 않다. 하지만 그 문제를 합리적으로 해결할 수 있는 구체적인 방안을 제시하는 일은 그리 쉽지 않다. 문제를 잘 해결할 수 있는 실행 가능한 대안을 제시하려면 남다른 창의력이 뒷받침되어야 하는데 토정은 이런 점에서도 두드러진다.

앞에서 포천현감으로 부임한 토정이 임금에게 상소문을 올렸다고 말한 바 있다. 이 상소문에서 토정은 곡식이 부족하여 피폐해진 마을의 실상과 대책에 대한 '문제'를 보고하고 이 문제를 해결할 수 있는 '방안'을 제시한다. 임금이 듣지 않아 결국 실행에 옮기지 못했지만 참 창의적인 방안이라 할 수 있다. 토정의 말을 직접 들어보자.

피폐한 고을을 구휼한다고 했으면 대책을 잘 세워 조처할 생각은 않고, 그저 국가의 비축미와 다른 고을의 양식이나 옮겨다 쓰는 것을 상책으로 삼는다면, 반드시 곡식이 부족하게 되어 끝내는 경창(수도의 곡식창고)과 다른 부유한 고을에 고질적인 폐단만 가져다줄 뿐입니다. 옛날의 군자들도 이따금씩 곡물 창고를 풀어서 백성을 구제한 경우가 없지는 않았지만, 이는 다만 일시적인 불행을 만났을 때 어쩌다가 한 번씩 했던

일이지 이를 어떻게 잇달아서 계속할 수 있는 방도로 삼았겠
습니까.

이 문제를 해결할 수 있는 대안으로 토정은 다른 업들과 더불
어 고기잡이와 염전 사업을 제안한다.

고기잡이로 말씀드릴 것 같으면, 전라도 만경현에 양초도라
고 하는 섬이 하나 있습니다. 국가나 개인에게 딸린 바가 없으
니 이 섬을 잠정적으로 포천현에 소속시켜 고기를 잡아 팔아서
곡식을 사들인다면 2~3년 안에 몇천 섬의 곡식을 얻을 수가
있을 것입니다.

그리고 소금을 굽는 사업으로 말씀 드리자면, 황해도 풍천
부 근방의 초도라는 섬에 갯물구덩이 하나가 있사온데, 이 섬도
국가나 개인에게 소속된 적이 없다고 하오니 이 섬을 임시로 포
천현에 빌려 주어 소금을 구워 팔아 곡식을 사들인다면 이 또한
2~3년 안에 몇천 섬의 곡식을 장만할 수가 있을 것입니다.
……(중략)…… 이렇게 하여 포천 고을이 살아나면 양초도의
어업권과 초도의 제염권을 다시 피폐한 고을에 돌아가며 이관
해 주어, 그 고을들 역시 포천현에서 했던 것처럼 운영하게 하
면 은혜를 널리 베풀어 뭇생명을 구제하는 데 한몫을 하게 되
지 않겠습니까?

토정은 친척이 도망가면 도망간 친척이 물어야 할 세금을 마을에 남아 있는 백성이 대신 내도록 한 벌금과 부역 연좌제의 문제에 대해서도 합리적 대안을 제시한다.

혹자는 이렇게 걱정합니다.

'마을을 도망간 사람들의 일가붙이들에게 벌과금 물리는 법을 폐지하면 병역을 싫어하는 자가 뒷걱정 때문에 다른 곳으로 이사 가거나 달아날 궁리들만 하게 되어, 가뜩이나 부족한 병력이 더욱 허술하게 될 것이니, 이보다 더 큰 우환이 어디에 있겠는가?' 하오나 신은 그렇지 않다고 생각합니다. 일가친척에게 벌금을 물리고 대리복무를 시킬 경우, 군사와 백성들은 뿔뿔이 흩어져 승려가 되기고 하고, 또는 도둑떼가 되어 주민의 숫자는 나날이 줄어들게 될 것이니, 이로 보건대 일가친척에 대한 벌금 징수나 대리복무를 시키는 법은 바로 백성들이 흩어지게 하는 법이란 것을 알 수 있습니다. 이래가지고서야 병력이 어떻게 허술해지지 않을 수 있겠습니까? 따라서 일가붙이들에게 벌금을 물리지 않는다면 백성들이 마음 놓고 생활하게 되고, 흩어졌던 자들도 다시 돌아오게 되어, 100명을 잃는다면 1천 명을 얻게 될 것이니, 병력이 허술해질 염려는 하지 않아도 되는 것입니다.

또한 병사와 백성 가운데 다른 고을로 이사 가는 자들이 있다고 하더라도 그들이 모두 이웃 나라로 옮겨가는 것은 아닙니

다. 그리고 그네들이 옮겨간 고을의 관가로 하여금 일일이 색
출하여 그 고을의 부역을 맡도록 조처한다면 여기서나 거기서
나 똑같은 부역을 감당해야 할 것이니, 왜 제 고을의 부역을 피
하고 다른 고을의 부역에 매달리겠습니까. 고향에서 연좌제를
폐지하고 다른 곳에 가서도 편안함을 얻지 못하게 된다면, 비
록 상을 주어 가며 이사 가라고 해도 끝끝내 옮겨갈 자가 없을
것입니다 .

토정이 내놓은 실행 가능한 창의적인 대안들은 조선 시대 최
초의 걸인청 설립으로 절정을 이룬다. 아산현감으로 일할 때 토
정의 행적이다.

선생은 관내의 유랑민들이 다 떨어진 누더기를 걸치고 이 집
저 집으로 빌어먹으러 다니며 떠도는 것을 매우 가엾게 여겼다.
그래서 널찍한 집 한 채를 지어 그들을 모아 살게 하면서 저마다
자립 갱생할 수 있도록 수공업을 가르쳤다. 이를테면, 선비와 농
사꾼과 장사꾼 및 무슨 쟁이 등을 가리지 않고 모든 사람에게 일
일이 얼굴을 맞대고 몸소 가르쳐 주기도 하고, 귓가에 속삭이듯
이 타이르기도 하면서, 각자가 생업을 익혀 장차 제 힘으로 의식
주를 해결할 수 있도록 배려한 것이었다. 그리고 그중에서도 가
장 우둔한 자에게는 볏짚을 주어 짚신을 삼게 하면서 몸소 작업
을 감독하였다.

얼마 안 되어 그들이 하루에 짚신을 열 켤레씩이나 삼아 내자 짚신을 장에 내다가 팔았다. 그리하여 그들은 하루 품삯으로 쌀을 한 말이나 살 수 있게 되었고, 먹고 남은 양식을 모아서 옷가지를 장만할 수 있게 되었다.

얼마나 합리적이고 창의적인 해결책인가! 거지와 가난한 백성들을 구휼한답시고 창고에 있는 곡식을 대책 없이 퍼 주는 대신, 이들에게 생업거리를 찾아 스스로 앞길을 개척할 수 있는 보다 근본적인 해결책을 열어 주는 혜안이 정말 놀랍다.

네 번째 창의성–관찰력, 분석력, 결합력

토정은 관찰력, 분석력, 결합력이 뛰어났다. 토정이 이런 능력이 남달리 뛰어났다는 사실은 이미 앞의 글을 통해 미루어 짐작할 수 있다. 토정을 옆에서 지켜보던 사람들에게는 토정의 이런 능력이 아주 특별하게 보였을 법하다. 조카 산해가 기록한 『토정선생묘갈문』에는 다음 구절이 들어 있다.

그 의리를 논하고 시비를 판단함에 있어서 사리를 밝힘이 위대하고 관찰력이 월등하며 사물을 유형별로 연결하여 세밀히 분석을 하여 사람으로 하여금 듣고 흠복하게 하여 어두운 것이 밝아지고 의혹되는 것이 풀어지고 취한 것이 깨어나게 하였으니 그 혜택이 후학에게 미친 것 또한 많았다.

사람의 지적 능력 중에 유독 암기력을 강조하던 조선 사회에서 창의성의 배경이 되는 관찰력, 분석력, 결합력에 뛰어난 재능을 보인 토정을 기인으로 여긴 것은 너무나 당연한 일이다. 그의 이런 능력은 임금에게 보낸 상소문에 아주 잘 나타난다.

토정은 임진왜란이 닥치기 한참 전인 자기 시대에 이미 전쟁이 일어나리라 예측하고 있었던 듯하다. 하지만 국내 사정을 돌아보니 전쟁에 대비하기는커녕 병적부에 이름이 잘못 올라가 억울함을 당하는 백성은 늘어나고 관리들은 부패를 일삼아 국가의 안녕이 위태로울 것이라고 판단했다(분석력). 그리하여 토정은 임금에게 팔도에 명령을 급하게 내려 백성의 원통함을 풀어 주고, 병적부에 올린 정원을 줄이며, 현재의 병력을 잘 운영하면서 각 도의 특성에 따라 군을 양성하고, 혹은 숨겨도 주어 훗날에 가서 뉘우치는 일이 없도록 하라고 충고한다.

이 충고에는 당시 상황을 고려하여 군대 관리를 어떻게 할지, 병졸들의 사기를 어떻게 북돋을지 세세한 전략도 담겨 있다(결합력). 이 과정에서 백성의 억울함을 일일이 살피는 관찰력도 돋보인다. 이를테면 '아산현에는 예순 하나인데도 장가를 못간 선비 김백남을 비롯하여 50세된 박필남, 55세된 정남, 62세된 정권, 71세된 박유기는 남의 남편 노릇을 해 보지도 못했으니 얼마나 원통할까' 하는 식이다(관찰력).

토정이 포천현감에 처음 부임하고서 부하 아전들을 다루는 방식에서도 이런 능력을 엿볼 수 있다.

선생은 포천 고을의 현감이 된 적이 있었는데, 삼베옷에 짚신을 신고 베삿갓을 쓴 차림으로 도임하였다. 이윽고 관아 사람들이 음식을 차려 올렸다. 그러나 선생은 밥상을 바라보기만 하고 젓가락은 들 생각도 않고 있더니 한참만에야 이렇게 말하는 것이었다.

"먹을 것이 없구나."

그 말에 아전들은 일제히 뜰에 무릎을 꿇고 아뢰었다.

"이 고을은 토산물이 나지 않는 고로 별미가 없사옵니다. 하오나 상을 다시 차려 올리겠습니다."

얼마 후 진수성찬을 차려 내오자, 선생은 또 한동안 쳐다보기만 하다가는 "역시 먹을 것이 없구나." 하셨다.

아전들은 송구스러운 나머지 몸을 벌벌 떨면서 뜻을 헤아려 최선을 다하지 못한 죄를 청하였다. 그러자 선생은 다음과 같이 속뜻을 펴 보였다.

"우리나라 사람들이 가난하게 사는 까닭은 한결같이 먹고 마시는 음식을 절약하지 않는 탓이다. 나는 음식을 먹을 때 소반을 쓰는 자체부터가 싫다."

그리고 아전에게 명하여 오곡을 섞은 밥 한 그릇과 나물 한 그릇을 짓고 끓여서 삿갓을 넣어 두는 갑에 올려 내오게 하였다.

토정이 처음부터 그냥 밋밋하게 밥 한 그릇과 나물 한 그릇을 올리라고 말했다면 아마 토정 자신부터 철저하게 검소한 생활을 하면서 마을을 청빈하게 다스리겠다는 메시지가 아전들에게 분명히 전달되지 못했을 것이다. 당시 지방 관리와 아전들의 부패상 그리고 위로부터 아래로 이어지는 부패의 먹이사슬을 잘 알고 있던 토정으로서는 이 사슬을 끊고 청렴하게 현감 노릇을 하겠다는 단호한 의지를 보이기 위하여 충격적 방법을 선택할 필요가 있었다. 밥상을 앞에 놓고 먹을 것이 없다며 상을 받지 않는 행동을 거듭하는 토정을 바라보며 아전들은 안절부절못하며 신임현감의 비위를 맞추려고 기를 쓰다가 토정이 내놓은 뜻밖의 결론에 정신이 번쩍 들었을 것이다. 전임현감들을 대하듯 아첨과 뇌물로 신임현감의 마음을 사려했다가는 온전하지 못할 것이라는 예감이 전신을 훑고 지나갔을 법하다.

자신이 살아가는 시대 상황을 정확하게 관찰·분석하고 고을 원으로 첫발을 내딛는 순간부터 과감하게 개혁의 길을 걸어 간 토정의 모습에서 신선함과 통쾌함이 동시에 느껴진다.

자녀들의 창의성을 키우려는
부모를 위한 토정의 조언

앞에서 토정의 삶을 지배한 원리가 '실용적 창의성'이라고 요약한 바 있다. 과연 그가 걸어 간 길을 자세히 들여다보니 창의성이 넘치고 또 넘친다. 그런데 그 창의성이 세상과 동떨어진 허무맹랑한 것이 아니라 사람들(백성들)의 구체적인 일상생활과 관련되는 매우 실용적인 것들이다.

앞에 든 거의 모든 예화가 다 그렇다. 이런 점에서 토정은 괴상한 언행으로 세상을 조롱하다 사라진 기인이 아니라 시대의 아픔을 따뜻하게 감싸 안고 세상 사람들이 행복하게 살아갈 길을 창의적으로 열어 간 희망의 개척자다. 어찌 이런 아버지를 아들들이 흠모하며 따르지 않을 수 있었겠는가! 자녀들에게 창의성을 키워 주려는 부모에게 토정이 해 줄 것 같은 조언을 정리해 보자.

첫째, 부모 스스로 창의적으로 살자. 자녀의 창의성은 부모의 창의성과 비례한다. 자녀에게 창의성을 키워 주고 싶으면 부모 스스로 창의적으로 사는 게 가장 바람직한 방법이다. 창의성을 신장시킨다는 '학원'에 보내 억지로 창의성을 키우려는 짓은 어린 벼를 빨리 키운답시고 위에서 잡아당기는 짓과 조금도 다름 없다. 그러니 짧은 시간에 인위적으로 창의성을 키울 수 있다는 환상은 빨리 버리는 게 좋다. 대신, 자녀들이 매일 보는 부모의 일상생활을 창의적으로 가꿔라. 틀에 박힌 말과 행동을 바꾸고 늘 새로운 대안을 찾는 자세를 몸에 붙이자. 처음에 정 할게 없으면 시계를 거꾸로 읽는 일부터 시작해 보자. 토정이 그랬던 것

처럼 유행하는 스타일과 판이하게 다른 의상을 입어 보는 것도
좋은 출발점이 될 수 있다.

　둘째, 많이 경험하고 많이 배우자. 창의성은 지식을 먹고 피는
꽃이다. 배경 지식이 충분히 갖추어지지 않으면 창의성은 결코
발달하지 않는다. 창의성을 키우기 위해서 많이 배우고 많이 경
험해야 한다. 토정이 온갖 분야에 정통했다는 사실을 무심코 넘
기지 말자. 토정은 다양한 분야에 깊은 지식을 습득하고 있다.
어떤 '문제 사태'를 이해하고 해석하는 실마리를 그만큼 많이
갖게 되고, 따라서 창의적인 대안을 찾을 확률도 그만큼 높아진
다. 학계에서 여러 학문을 아우르는 학제 간 접근이 환영받는 이
유도 바로 여기에 있다. 그러니 누가 무어라 하건 간에 많이 읽
고, 많이 접하고, 많이 느끼고, 많이 경험하라. 성미가 급한 사람
은 답답하게 여길지 모르지만 이게 창의성을 기르는 가장 확실
한 방법이다.
　창의성을 키운다고 창의력 검사에 나오는 유창성, 유연성, 독
창성 문항들을 백날 연습해 봤자 창의력 시험 점수만 높게 나오
지 우리가 말하는 진짜 실용적 창의성은 절대 키워지지 않는다.
그러니까 부모 스스로 많이 경험하고 많이 배울 것이며, 자녀에
게도 많이 경험하고 많이 배울 수 있는 기회를 만들어 주자.

　셋째, 고정된 틀에 갇히지 말고 역발상을 습관화하자. 사람은

누구나 세상을 보는 '틀'을 가지고 있다. 이 틀을 통해서 사람들은 안정된 시선으로 세상을 바라보고 일관성 있는 삶을 살아갈 수 있다. 문제는 이 틀이 유연성을 잃고 너무 딱딱하게 굳어질 때 생긴다. 이렇게 되면 변화와 성장이 멈추어 버리고 늘 그 상태 그대로 남게 된다. 고집이 세서 답답한 사람, 말이 통하지 않는 사람들의 전형적인 특징이 바로 이렇다.

창의성은 유연한 '틀'에서 나온다. 그러니까 어떤 사태를 지각하고 이해하고 처리하는 방식이 한 가지가 아니라 여러 가지 존재할 수 있음을 인정하는 열린 시선이 중요하다. 자신의 현재 틀을 소중하게 여기되 다르게 볼 가능성을 항상 열어 두라는 말이다. 다르게 보는 방식을 아예 습관처럼 지니고 있으면 더 좋다. 토정이 그랬던 것처럼 비틀어 보고 뒤집어 보고 때로는 어깃장을 놓으며 역발상을 연습하며 살자.

넷째, 자기중심성을 벗어나 세상을 따뜻하게 바라보자. 세상만사를 보는 시선 한가운데 항상 '나'가 자리 잡고 있으면 같은 '방식'을 벗어나기 어렵다. 때로는 그 자리에 다른 사람을 앉혀 놓고 그들의 입장에서 바라보자. 그렇게 하면 전에는 생각도 못 했던 대안이 새록새록 튀어나온다. 또 이렇게 얻은 대안은 다른 사람들의 입장을 배려하며 만들어진 것이므로 그들에게 도움이 되는 실용성이 매우 높다. 토정의 창의성이 '실용적 창의성'일 수밖에 없는 이유는 늘 자기보다 약한 백성들을 배려하며 그들의 입장을 반영하였기 때문이다. 그래서 실용적 창의성은 따뜻한 창의성이기도 하고 사회를 밝게 비추는 건강한 창의성이기도 하다.

밝고 따뜻하고 건강하고 실용성이 높은 창의성, 우리 모두가 지향해야 할 이상이다.

참고문헌 | 이석구 역(2003). **국역 토정집.** 학문사.

저자 소개

저자 **박성희**는 서울대학교 교육학과에서 학사, 석사, 박사학위를 취득하였다. 한국행동과학연구소 상담실 책임연구원, 미국 위스콘신 대학교 상담학과와 캐나다 브리티시 컬럼비아 대학교 상담학과에서 객원교수를 지냈으며, 현재 청주교육대학교 교수로 재직 중이다.

저서로는 『동양상담학 시리즈 13권』, 『상담학 연구방법론』, 『공감학: 어제와 오늘』, 『상담과 상담학 시리즈 3권』 등의 전문서적과 상담지식을 대중화한 『마시멜로 이야기에 열광하는 불행한 영혼들을 위하여』, 『황희처럼 듣고 서희처럼 말하라』, 『동화로 열어가는 상담 이야기』, 『꾸중을 꾸중답게 칭찬을 칭찬답게』, 『담임이 이끌어 가는 학급상담』, 『공감』, 『수용』, 『원더풀 티처스 시리즈—선생님은 해결사 10권』, 『행복한 삶을 위한 생각처방전』 등이 있다.

저자는 지금까지 했던 작업의 초점이 상담학의 학문적 기초를 다지는 것이었다면, 앞으로는 한국 상담학의 원형을 찾아 현대화하는 일과 상담지식을 대중화하는 일에 더 많은 힘을 모을 생각이라고 한다. 현재 초등학교 교사들과 함께 진행 중인 '초등학교 현장에서 필요한 상담지식' 을 정리하는 작업도 계속할 예정이다. 저자는 상담지식을 통해 온 세상 사람들을 행복하게 하는 일에 신의 축복이 있기를 바라는 마음으로, 꾸준히 상담의 대중화를 위해 노력하고 있다.

시대를
넘어선
멘토
아버지

2014년 1월 10일 1판 1쇄 인쇄
2014년 1월 20일 1판 1쇄 발행

지은이 박성희
펴낸이 김진환
펴낸곳 ㈜**학지사**

121-837 서울시 마포구 서교동 352-29 마인드월드빌딩 5층

대표전화 02-330-5114   **팩스** 02-324-2345
등　록 제313-2006-000238호

홈페이지 http://www.hakjisa.co.kr
커뮤니티 http://cafe.naver.com/hakjisa

ISBN 978-89-997-0260-0　13590

정가 14,000원

저자와의 협약으로 인지는 생략합니다.
파본은 구입처에서 교환해 드립니다.

이 책을 무단으로 전재하거나 복제할 경우 저작권법에 따라 처벌을 받게 됩니다.

인터넷 학술논문 원문 서비스 **뉴논문** www.new.nonmun.com

이 도서의 국립중앙도서관 출판시도서목록(CIP)은 서지정보유통지
원시스템 홈페이지(http://seoji.nl.go.kr)와 국가자료공동목록시스템
(http://www.nl.go.kr/kolisnet)에서 이용하실 수 있습니다.
(CIP제어번호: CIP2013029227)